千里

寻乡

A
THOUSAND
MILES
TO
THE
HOMETOWN

 上海市政工程设计研究总院（集团）有限公司
SHANGHAI MUNICIPAL ENGINEERING DESIGN INSTITUTE（GROUP）CO.,LTD.

钟 律◎著

中国建筑工业出版社

编委会名单

《千里寻乡》编委会

著 作 人：钟 律

副 主 编：张翼飞　王国锋

特邀专家：黄祎华

参　　　编（按拼音排序）：

陈子薇　丁　佳　冯琤敏　付苏晨　贺文雨

蒋文彬　卢　琼　邵奕敏　吴浩源　徐迪航

徐慧华　杨　洋　于　江　张怡琳　赵文瑜

郑毓莹　周文武

各项目团队成员

上海·黄浦江两岸滨江开放空间贯通及景观提升改造工程

（外滩、南外滩、1862 船厂绿地、陆家嘴滨江、前滩、鳗鲡嘴、三林绿道贯通）

项目总设计：钟　律

项目负责人：张翼飞　王国锋　杨　洋

景 观 设 计：卢　琼　邵奕敏　周　圆　张隆达　陈　英　韩玥枫　汤源涛　刘若昕　冯琤敏
　　　　　　郭海艇　徐晓鸣　陈奇灵　金　媛　王念渝　沈文岚　吴宛恒　梅　莹

道 桥 设 计：袁慧玉　李剑飞　李洞明　李明娟

建 筑 设 计：丁　琳　陈晓晖　林志坚　许　音　朱明亮

勘 察 设 计：胡立明　周黎月　黄　星　万　鹏　陆　顺　姚　进　田丽霞

测 量 物 探：罗永权　王德刚　位　伟

结 构 设 计：郝炫明　杨　睿　龚　涛　胡坚尉　夏国平　严　鹏　马　可　刘　通　代明星　董雨辰

电 气 设 计：褚晓晨　袁　丁　王相峰　房　源　高华杰　储　平

给排水设计：张　静　刘婧颖　万　英　贺小军　樊陈锋　陈莉华　陆　顺　陈　颖

暖 通 设 计：李迎根　陈　虹　梁海斌

水 工 设 计：马如彬　董蕃宗　王　珏　黄　璟　严燕娟　翟　晶　刘鹏晨　韩　洁　王璐璐　徐　敏　刘华根·

技 术 经 济：汤建勇　董友亮　毕佩蕾　张绍辉

项目建设单位：上海东岸投资 (集团) 有限公司
　　　　　　　上海陆家嘴 (集团) 有限公司
　　　　　　　上海富都世界发展有限公司
　　　　　　　上海前滩国际商务区投资　(集团) 有限公司
　　　　　　　上海市黄浦区市政工程管理所
　　　　　　　上海市土地储备中心

上海·黄浦区外滩滨江景观照明改造更新工程

项目总设计：钟　律

项目总协调：杨学懂

艺 术 策 划：丁　佳　冯琤敏　张怡琳

建 筑 设 计：章俊骏　孙　迪　丁　琳

电 气 设 计：施　亮　苏玮奕
道 路 工 程：史习渊　陆凯诠
结 构 设 计：王　俊　朱正洋
技 术 经 济：毕佩蕾
总承包项目部：于和磊　郭　舟　程　海　金　哲　刘　莹　俞梦远
项目建设单位：上海市黄浦区灯光景观管理所
合作设计单位：上海罗曼照明科技股份有限公司

上海·静安区苏州河公共空间贯通提升工程

项目总设计：钟　律
项目总协调：张翼飞　郑毓莹
项 目 审 核：王国锋　卢　琼
景 观 设 计：徐晓鸣　吴天煜　马　婧　贺文雨　温小雄　胡宗苗
　　　　　　　侯丁琳　吴样凤　沈天彦　方明松　刁洪艳　陈　英
文 创 设 计：冯琤敏　赵文瑜　陈子薇　张怡琳　沈文岚　钱永强
建 筑 设 计：章俊骏　丁　琳　孙　迪　黄一骅
结 构 设 计：李　翠　王晓钦
给排水设计：张　静
市 政 排 水：汉京超　汪钟凝
道 路 工 程：姚　锐　李思琪　周　雅
桥 梁 设 计：王　萍　吴海彬
水 工 结 构：翟　晶　严燕娟
技 术 经 济：董友亮　凌阳明月
总承包部：于和磊　吴浩源　程　海　张隆达　高艾明　徐海东　顾佳俊　陈玉鑫
建设管理单位：上海市静安区建设和管理委员会
项目建设单位：上海市静安区市政工程和配套管理中心
特别鸣谢单位：上海市"一江一河"工作领导小组办公室
　　　　　　　上海市静安区文化和旅游局
　　　　　　　《新民晚报》
　　　　　　　上海美术学院人文环境研究联合工作室
　　　　　　　上海光影之声无障碍影视文化发展中心
　　　　　　　上海克勒门文化沙龙艺术中心

上海·临港南汇新城公园城市规划暨顶科公园示范

项目总设计：钟　律　张翼飞

项目总协调：蒋文彬　付苏晨

规 划 设 计：张　清　栾昌海　贾松宸　于　江

景 观 设 计：武士翔　宋翊闻　李　洁　冯　冉　汪　萌　林晓牧　徐慧华　金　媛　张元一
　　　　　　　张毓刚　王　楠　吴若昊　沈文岚　孙　迪

建 筑 设 计：丁　琳　徐　键　沈荣辉　郭大源　刘学真

给排水设计：刘婧颖　马　玉

电 气 设 计：杨　梅

结 构 设 计：李　翠　刘典章　顾学勤　潘春辉

桥 梁 设 计：张　笑

水 工 设 计：张　玥

技 术 经 济：毕佩蕾

建 设 单 位：上海市临港新片区生态环境绿化市容事务中心

代 建 单 位：上海诺港科学集团有限公司

武汉·光谷中央生态大走廊规划与建设

项目总设计：钟　律

项目总协调：张翼飞　周文武　李云龙

景 观 设 计：王国锋　卢　琼　蒋文彬　郑毓莹　周　颖　夏维玮　王　放
　　　　　　　汪　萌　金　媛　王　楠　宋翊闻　林晓牧　郭少鹏　许晶莹
　　　　　　　吴天煜　宗士良　郑　炜　李　俊

结 构 设 计：李　翠　王晓钦　吕　韬　施大堃　吴　蕾

海 绵 工 程：刘婧颖　张　静

排 水 设 计：王喜冬　赵靖伟　余仁鑫

桥 梁 设 计：张　策　朱洪志

智 慧 工 程：魏绪刚　刘金桥

道 路 交 通：周思变　周　鸿

电 气 设 计：唐纪程　周明昊

暖 通 设 计：赵佳林

建设管理单位：武汉东湖新技术开发区城市管理综合执法局

项目建设单位：武汉光谷中心城建设投资有限公司

项目管理单位：长江生态环保集团有限公司
合作设计单位：中冶南方工程技术有限公司

中国市政工程华北设计研究总院有限公司

御道工程咨询（北京）有限公司
特别鸣谢单位：武汉东湖新技术开发区管委会

武汉光谷中心城建设服务中心

嘉兴·"九水连心"景观提升长纤塘样板示范
项目总设计：钟　律
项目总协调：王国锋　卢　琼　邵奕敏
景 观 设 计：吴若昊　郭少鹏　徐慧华　孙　泉　周美漪　沈天彦
建 筑 设 计：孙　迪
给排水设计：刘婧颖
建 设 单 位：嘉兴市中心城市品质嘉兴大会战指挥部九水连心工程推进办

嘉兴市住房和城乡建设局
特别鸣谢技术专家及艺术家：YOKYOK　巴黎设计创意工作室　YIM by creater　罗　威

宋　昭　范临风　李乾煜　马　颖　马仕睿

上海·南昌路美丽街区更新改造工程
项目总设计：钟　律
项目负责人：贺文雨　冯玲敏
景 观 设 计：侯丁琳　刘　然　胡宗苗　赵文瑜　张怡琳　陈子薇　杨　洋　吴　伟
建 筑 设 计：黄一骅　孙　迪
结 构 设 计：李　翠
给排水设计：刘婧颖
建 设 单 位：上海市黄浦区绿化与市容管理局
特 别 鸣 谢：上海美术学院人文环境联合工作室

2021上海城市空间艺术季黄浦展区
主 策 展 人：钟　律
参 展 社 区：瑞金二路社区
指 导 单 位：上海市规划和自然资源局

主 办 单 位：黄浦区人民政府

承 办 单 位：黄浦区规划和自然资源局

协 办 单 位：黄浦区绿化和市容管理局

　　　　　　黄浦区瑞金二路街道

策 展 主 体：上海市政工程设计研究总院（集团）有限公司

活 动 执 行：上海克勒门文化发展有限公司

　　　　　　上海创邑实业有限公司

支 持 团 队：罗威音乐工作室

　　　　　　科学会堂

　　　　　　上海丕设广告有限公司

　　　　　　上海美术学院人文环境联合工作室

上海·"INCLUSION·外滩大会"场地综合设计

项目总设计：钟　律

项目总协调：杨学懂　王国锋

景 观 设 计：马　婧　贺文雨　吴浩源　赵文瑜

建 筑 设 计：章俊骏　朱鸿飞　丁　琳　孙　迪

结 构 设 计：马仁飞

给排水设计：张　静　余一彦

电 气 设 计：施　亮

技 术 经 济：毕佩蕾

建 设 单 位：上海外滩投资开发（集团）有限公司

　　　　　　上海世博发展（集团）有限公司

嘉兴·制丝针织联合厂茧库建筑 3D 光雕艺术

出 品　方：上海建工 / 上嘉建设

总导演 / 策划 / 剧本 / 监制：钟　律

艺 术 总 监：Mauro Cataldo [比]　钟　律

作　　　曲：罗　威

联 合 制 作：比利时 Atlas Hiseas

执 行 导 演：王海晨　谭　轩　顾莹骏

光 雕 投 影：比利时 DIRTY MONITOR 数字艺术工作室

艺术和技术指导：比利时 DIRTY MONITOR 数字艺术工作室

灯光设计：François VANDERMEEREN [比]

2D 视觉元素设计 & 插画：韩　锐　Olivier Tonglet [比]

技术保障：上海罗曼照明科技股份有限公司

艺术策划：卢　琼　邵奕敏　张怡琳　冯玎敏

建设单位：嘉兴市人民政府

嘉兴市中心城市品质嘉兴大会战指挥部九水连心工程推进办

嘉兴市住房和城乡建设局

上海·外滩十六铺旅游码头更新工程

项目总设计：钟　律

项目负责人：张怡琳　郑黎晖

景观设计：冯玎敏　刘　然　刘婧颖　刘萧芃　江毅霞　韩玥枫　陈鹏鹏　王顺磊

结构设计：王晓钦

电气设计：杨　梅

建设单位：上海市黄浦江码头岸线建设管理有限公司

合作单位：MYP 迈柏 (上海) 工程咨询有限公司

上海罗曼照明科技股份有限公司

中建八局

上海一造科技有限公司

序

读《千里寻乡》

景观是一个广义的人类生存空间的"空间和视觉总体",《千里寻乡》展现了钟律的城市设计和景观设计的理念和成就,受 2010 年上海世博会的感悟,基于景观生态学的理论,将建筑和景观空间提炼为"景感空间"。景感者,得之心而寓之景也。"景观"与"景感"的差异在于人与空间环境的共生和互动,在于人的主动性,人与景观的关系由被动走向主动,走向和谐,进而创造世界。正如作者所说,用心丈量空间的尺度,使景观上升为景感,使场地成为人们心仪的场所。

我理解《千里寻乡》所指引的"景感空间"是诗化的空间,是有灵气的场所,是人人的景观,是公共的环境,是我们的行为,也是我们的梦想。这样的空间会塑造出特殊的人群和特殊的生活方式。城市和空间是我们有意识地创造的,也是我们塑造自身的空间,这样的城市空间会散发出诗情和画意,人们会想写诗,想歌唱,想画画,想抒发自己的感情。

钟律在她的色彩笔记中以诗情画出了她心中的歌,画出了我们这座城市多彩的复调音乐。好比美国诗人惠特曼所向往的"我要写出物质的诗歌,因为我认为它们正是最有精神意义的诗歌……那时我才可以有我的灵魂的和永生的诗歌"。这些多彩的公共空间也是钟律作为建筑师参与创造,参与城市更新,参与空间修补,参与重建公共空间,参与重建滨水生态的诗歌。从自然中提炼美,将绿色景观引入街道和社区,在城市和自然环境中创造人工的生态系统。

从《千里寻乡》列举的大量优秀作品中，我们可以看到她在创造和设计过程中，整合多专业，集艺术家、科学家、历史学家、社会学家、生态学家、规划师、建筑师、景观建筑师、设计师和工程师于一身。从这些案例中，我们也看到，为实现完美的设计，建筑师需要触摸城市的脉搏，领悟城市发展的历史，把握城市文脉，知晓城市规划、知晓市政设施，知晓交通系统，知晓自然和社会生态，知晓水文地质，知晓景观照明。

钟律和她的团队在黄浦江和苏州河的滨水空间改造中，构建绿色生态系统，创造了丰富的空间语言，对于每一个项目，每一块场地的呼应都是独特的和唯一的。涉及城市的各种现实问题，涉及城市形态、生活方式和交通出行，涉及城市的未来。在系统改造消极的城市空间中，讲述有故事的公共空间。采用化繁为简，精细绣花的手法，注重文化的多样性和城市空间的品质，提供高品质的设计和愉悦的环境，塑造人性化的场所，为空间注入活力，让空间获得新生。这里是人们日常生活的地方，是城市公共空间的最基本单位，是人们交往、休憩、学习的场所，街区空间环境直接关系到人们的生活品质，只有在宏观环境和微观环境都十分优秀的前提下，才能建立城市的自我价值体系和城市特色。

参与 2021 年上海城市空间艺术季，钟律在黄浦区以"心灵之约"为主题的城市街区生活圈塑造中，创建了南昌路美丽街区，以艺术作为更新的要素，激活具有百年历史的南昌路。

通读《千里寻乡》，会让我们深切领悟到，我们寻找的故乡是广义的家，是我们的家，也是所有人们都向往的家宅。正如作者所说，当我们寻遍千里，远方和故乡却在这里。法国哲学家巴什拉在《空间的诗学》中说："因为家宅是我们在世界中的一角。我们常说，它是我们最初的宇宙。它确实是宇宙。它包含了宇宙这个词的全部意义……家宅，就像火，像水……它照亮了回忆与无法忆起之物的结合。在这个遥远的区域，记忆与想象互不分离。"

《千里寻乡》通篇呈现出人与自然共生的交融多感，《千里寻乡》是诗，是歌，是艺术，讴歌我们的城市，我们的空间，我们的生活和我们的时代。

郑时龄

2023 年 8 月 6 日

启

当我们遍寻千里，远方和故乡却在这里。

历史的脉络，演变叙事的逻辑。光阴的交替，闪烁思想的芒耀。赋予每一座城市关于故乡的记忆，"此心安处是吾乡"，或许是用现代城市设计手法还原群体记忆的模样，或许正在实现另一种生长，并重新认识脚下的土地：预见与共创；艺术与科技。

"设计"作为对话世界的一种方式，思考城市发展与空间记忆的关系，并征询内心对事物层面的理解；"设计"更是一种自下而上的涌现，用敏锐专业的洞察力、理性逻辑的思考力，追求完美的设计结果。

我们是寻乡者。我们思考的是理想的寻乡？还是现实的寻乡？是寻乡的目的？还是寻乡的方式？我们也在不断地刷新"寻乡"的新定义。我们保持好奇与持续的学习，并不断调整到最佳的状态，对于中国现阶段的发展，更需要探索对接城市发展的轨迹链接。

我们看到了另一条"寻乡"之路：那是"心态"与"方法"的赋能，设计并放大正向影响力，我们正从一个为城市设计个案项目转变成一个关注设计影响力输出的社会"寻乡 +"。

城市是一种系统，城市设计的核心是系统的设计。基础设施是整个城市的核心系统，公共服务是城市的核心要素，公共空间是城市的核心内容。城市保护与发展需要满足城市供需关系和公共服务品质，这和所有其他社会性问题一样都是"复杂性"的：当你试图改变一个变量时，其他的变量和结果都会随之变动。

城市公共产品，包含城市基础设施与公共空间。通常为政府单方主导，尚停留在底线式建设维护，未来公共空间与公共服务的产品和价值将被不断开发，并与创新科技同步进化。城市更新已经从资源导向的土地操作进入产品导向的空间操作，未来将探索场景导向的数字空间生产方式。

城市保护与开发的核心将是优化机制的设计，是权属边界的再定义。符合多方利益的技术机制来推动各方合作是城市更新的重要内容，需要平衡开发利益和保护利益、个人利益和公共利益、资本收益和运营收益之间的博弈，让多主体的利益能够平衡并重新分配，以此盘活整个空间持续具备生产的能力。

从设计师角度的技术方案，不仅把城市更新当成一种环境改造，更要深入解读平衡机制。市场机制与技术体系的快速打通，让结果变得未知。我们所探寻的是：什么样的思维模式和技术工具可以用于应对复杂性问题？

"无我之上，更有忘我。"设计思维中最重要的一个部分就是"去专业化"：去专业化并不是让人放弃已有的专业深度，而是指在一个团队中需要尽可能多的不同背景和技能的人，共同创造解决方案。以设计思维掌握科技人文的未来价值，物质空间和虚拟空间的改造与升级行动也将融为一体。未来的城市规划设计和城市管理、城市运营之间的界限，会随新科技对传统领域的渗透而逐渐模糊。

社会"寻乡+"，遵循社区营造与场所精神，立足当下把握人的主体性，展现自己的心灵世界和行动轨迹。我们在城市文化的链条上，准确地提炼和描述我们的精神和生活，几代人心灵的递进式成长更清晰地显现，并把这种文化自信扩展到更大的城市空间。人类的情感意志不断在寻求：秩序和杂乱共存、简单与复杂共存、永恒与偶发的共存、私人与公共的共存、创新与传统的共存，回顾与展望的共存……

用心丈量空间的尺度，方寸之间是自由。"寻乡"是长时间追问的命题，它是一道链接时间与空间的千里风景线。

钟　律

2021 年 8 月

前言
INTRODUCTION

景感空间
LANDSENSE SPACE

国土是生态文明建设的空间载体，构建国土空间规划体系充分认识到资源整治和人居环境的一体两面的关系，要充分认识到空间问题的复杂性和目标的多元性，以地球系统科学和人居环境科学为核心理论支撑。聚焦改善人居生态环境，塑造以人为本的高品质国土空间，以有限的空间资源应对多元的空间价值诉求，形成多级多类、空间集约、公众参与的一套体系与平台。在山水的诗意与空间中，景观是所有自然过程和人文过程的透视镜，通过"她"，城市与人居环境得以抒写延展，折叠进对于社会意识的研究与实践。

人本规划视角下，土地管理精明增长与科学利用，构建了转型期顶层设计政策导向与方针，引导城市更新走向更为健康、良性的综合复兴发展。现今，中国社会土地管理更应解释：基于生态理念下的土地构建设计，它包含了复杂的学科（社会学、环境学、生态学、地理学、城市规划、园艺学、艺术学、心理学、伦理学等）和这些学科之间的交叉研究。从可持续发展的角度看，引导有机更新注重公众需求与公共参与。人们将获得一个富有场域文化特色、符合人的空间体验感的，更为人性化、舒适化、层次化与具有归属感的城市环境空间。

将人文价值提升到一个科学的高度，来反哺城市的设计与建设。"景感空间"是关于时间与空间的哲学命题，主要基于"景感生态学"的基本原理，以可持续发展为目标，研究感知体验下的国土景观综合体系。在相关理论基础上，通过核心研究策略：公共空间复兴、人工生态系统、景观艺术介入、适应性地回归、地域特征融入、媒介效益激发等介质的理解与梳理，形成科学的研究方法与应用。秉承"大景观"和"大生态规划"相契合的设计理念，从多学科角度入手，深耕研究与实践扩展细分领域：城市滨水空间开发、美丽乡村建设、新城镇公共空间营造及旧城镇公共空间更新、生态河流整治、工业废弃地环境修复、海绵绿色设施建设、旅游规划策划、城市光影空间等多板块都已开展前瞻性的学术与实践研究。

针对"景感空间"场域情境体验进行认知研究，聚焦人与在地的情感联系、人与地方的自然关系、生态关系与城市价值运筹。梳理其特征及环境影响因素，包括：非物质感官与创构具身体验、从形式到空间的心理感知、因地制宜的社会网格化导引等。它们之间相互影响与相互促进，唤醒了体验者的感知，实现了人与空间的对话。城市设计应当从空间特征、自然和文化氛围，以及各种感知存在和人本身传递景感运营的价值思考，表达空间感知、文化价值与生活方式等文化意涵，创造丰富多彩的城市场域。

以土地为依托、以时间为脉络，以自然自我管理为特征，以使用者体验为论证依据的理论分支，研究生命的和谐共存的关系。以人的需求为依托，统筹顶层设计，贯彻全程四方面内容：设计理念，从蓝图式设计到全生命周期设计；设计目标，从环境营造到绿色发展；设计对象，从空间形态塑造到多元融合；设计方法，从线性思维到网络思维。

"景感空间"将学科与综合要素链接在一起，通过多维感知的情景，强调对信息的综合感知设计，紧紧围绕客观物质空间与主体人的心理特征和情感诉求，始终坚持人本的价值理念，探究景感在未来城市空间领域自由呈现和诗意表达的可能。

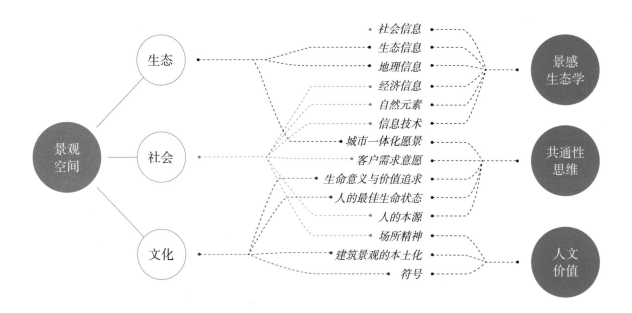

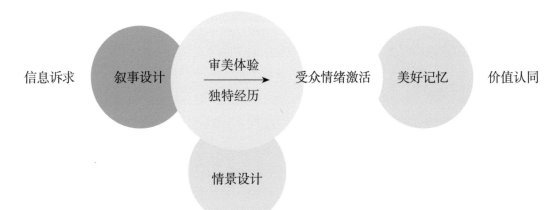

景感空间规划理论

景感空间规划结合当下城市公共空间的发展特点
梳理城市空间原型，赋予精神意念衍生的设计研究方式

1 梳理城市空间原型

由物质媒介出发的空间关系梳理与原型模式构建

通过"节点""路径""地区""边界""地标"五大元素构成
城市意象

2 赋予精神意念衍生

从空间意象出发，赋予理性存在秩序之上的场所意念化表达
体现特有空间所特有的场所精神，形成具有人文情怀的精神
意念空间设计

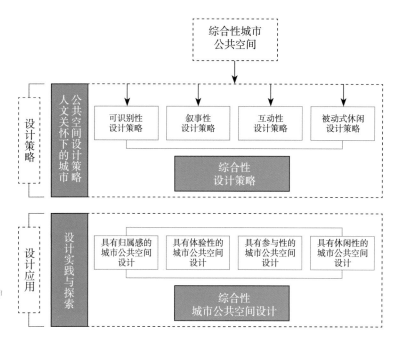

目录

■ 第二章 方圆

■ 第四章　万象

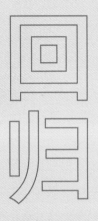

生于这个城市从不吝于她的每一个角落，开始便知道，这个城市有妥帖的艺术美感与质感。上海，一直以来，都是中国近现代历史上一个特殊的存在。站在世界的角度回望历史、展望未来，这里的文脉传承不仅深刻影响了中国的历史也必将引领中国的未来。海派文化正是这样一种存在，它交织在过去和未来之中，形成独特的当下。

外滩，有着上海开埠时期最早的建筑群，映射了远东经济中心地位的城市荣光，外滩建筑群的底蕴渗透了上海的契约精神，也见证了百年城市历程。历史的传承与未来的发展都集中在浦江两岸，每一栋建筑都是一座城市的"时间记忆"，"还江于民，浦江贯通"正延续城市历史文脉和城市人文精神，搭建符合城市性格的公共空间，带来新的城市故事叙述方式，并建构人与城市之间合理、活力、多元的关系，让城市在真正意义上得以"更新"。未来的景观设计一定是空间与内容的高度融合，在思考提供物理空间的同时，如何去实现空间的精神延展。如果把精神延展前置的话，则可以影响到这个物理空间的设计，创造出更多可能性。

"景感空间"的理论始于 2010 年"世博"之后的思考，是基于"景感生态学"引领下的关于空间理论的研究实践。人们通过适当的表现形式将其某一或某些愿景赋予或融入某种载体（carrier），使其他人（包括他们自己）能够从这一载体及其相关的表现形式领悟这一或这些愿景。城市、街区或建筑等公共空间是重要的载体形式，我们把具有这种属性的载体空间称为"景感空间"（landsense space）。把"景感空间"更多地视作"城市共情"，景感空间设计与营造是通过城市共情来表达、创造人文关怀的品质与环境。2010 年上海世博会世博公园（浦东）景观设计的实践，作为上海世博会召开而启动的项目，因其所处位置的特殊性及开发的原因，担负着特殊的功能及形象特征，需体现世博的形象特征且满足展会召开期间的功能使用。上海世博，跨越黄浦江两岸，它是上海黄浦江两岸开发、旧区改造和产业布局调整的重点地区，也是上海新的城市空间拓展、城市综合服务功能提升的重要地段。2018 年从"世博"迈向"进博"，上海又迎来新一轮系统规划和公共空间的更新，包括系统性地重建滨水生态体系、重建公共空间等工作，"一江一河"绿色水岸城市客厅的空间格局形成，其公共性尤为凸显。

世博出发，浦江归来！是时代赋予项目实践的机遇，将"景感空间"的思考融入传统的市政基础设施设计中，并转化为绿色生态系统构建，使之变为城市系统性治理的技术方法。

还江于民

RETURN THE RIVER BACK TO THE PEPELE

上海·黄浦江两岸滨江开放空间贯通及景观提升改造工程

（外滩、南外滩、1862 船厂绿地、陆家嘴滨江、前滩、鳗鲡嘴、三林绿道贯通）

Shanghai·Open space renewal project on both sides of Huangpu River：24-hour urban vitality circle

（The Bund、the South Bund、1862 Shipyard green space、Lujiazui waterfront space、the Forebund、Manli bay、Sanlin greenway construction）

项目区位：上海市黄浦江两岸

建设规模：总长约 10.5 公里，总面积为 79.7 公顷

项目时间：2015~2018 年

获奖情况：2019 年度全国优秀工程勘察设计园林景观设计项目一等奖

2019 年度上海市优秀工程勘察设计园林景观设计项目一等奖

2020 年度"上海设计之都 100+"十大设计奖

Project Location：Both sides of Huangpu River in Shanghai

Construction scale：length of 10.5 km, area of 79.7 hectares

Project Duration: 2015-2018

Awards：2019 First Prize Landscape Design of National Excellent Engineering Survey and Design

2019 First Prize Landscape Design of Shanghai Excellent Engineering Survey and Design

2020 SHANGHAI DESIGN 100+

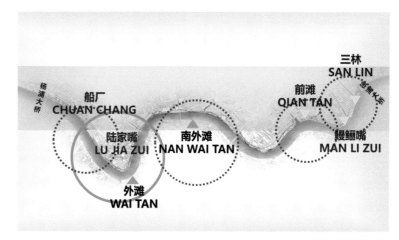

黄浦江贯通区段示意图

奔流不息的黄浦江见证着上海成长发展的历史进程，也代表了这座城市的建设发展水平。上海黄浦江两岸滨江开放空间在新一轮的城市总体规划背景之下，迎来了两岸开发的新内涵：由大开发转变为大开放，贯通开放成为人民群众健身休闲、观光旅游的公共空间，形成城市生活与滨水空间的交织互动。

围绕"还江于民"的宗旨，将存量规划背景下的土地价值回归；以公众精神需求为导向的回归；城市文脉、精神可阅读的回归。以文化为核，聚合创新业态，从"生态、社会、人文、空间"多维视角思考城市存量空间。根据存量需求，结合城市线性空间特点，附加文化服务和公共设施服务，带动城市空间功能活化及服务升级，实现空间的自我迭代，将黄浦江两岸地区打造成世界级的滨水公共开放空间。

黄浦滨江由"工业锈带"变为"生活秀带"。在城市建设走向精细化的当下，上海积极建设卓越的全球城市，黄浦江两岸提升工程将滨江空间与承载城市生活空间有机连接。随着一个个滨江"堵点"的打通，形成连续顺畅的慢行通道网络，可满足漫步、慢跑、休闲骑行等游憩需要，慢行通道从滨江至内分别为漫步道、跑步道、骑行道，通过三种通道的交织，为人们带来多样的慢行体验。

城市发展方式正发生着巨大的转型，纵观上海黄浦江两岸规划区内现状，已进入存量发展的阶段，城市更新需要一个有机的过程。存量型城市设计的基本出发点是提升建成区的宜居性，城市设计需要转变传统观念，强调存量规划意味着城市的发展要依托现状建设效益的提升。大城市的永续发展方式，存量时代的逻辑，要约束总量，对城市更新已由功能性需求向精神性需求升级，调整升级空间内容，培育宜居创新的环境。黄浦江贯通工程的存量设计实践，就是以人的需求为依托，统筹顶层设计，贯彻全程四方面内容：

1. 设计理念，从蓝图式设计到全生命周期设计。

2. 设计目标，从环境营造到绿色发展。

3. 设计对象，从空间形态塑造到多元融合。

4. 设计方法，从线性思维到网络思维。

城南故事

■ **宏观视角引导的系统更新（黄浦段为例）**

设计以宏观视角审视建设方向，站在更高的视角实现滨水区系统性、全方位的"蝶变"。利用现状码头创造开放空间、贯通慢行交通体系、打造街区风貌、整治历史建筑、轮渡站和人行天桥等系列精细化提升，让原本空间局促、设施陈旧的老城厢成为户外博物馆，让现代时尚城市生活与民族商业和码头历史形成对话，创造贯通体验的同时，为市民提供阅读上海老城厢历史的最佳路径。

南外滩鸟瞰效果图

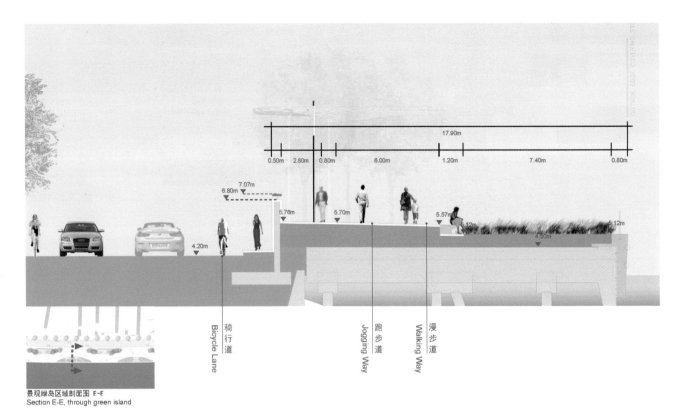

17.90m

0.50m 2.80m 0.80m 6.00m 1.20m 7.40m 0.80m

7.07m
6.80m

5.78m 5.70m 5.57m 5.12m
4.20m 4.50m 5.12m

骑行道 Bicycle Lane

跑步道 Jogging Way

漫步道 Walking Way

OUTSIDE EDGE COVERING STO

景观绿岛区域剖面图 E-E
Section E-E, through green island

上海市黄浦区南外滩滨水岸线公共空间 I 阶段2 南段870米+董家渡370米波浪岸线方案设计　South Bund Riverfront Public Space I Phase 2 - South Part 870m + Dongjiadu 370m Wave Promenade

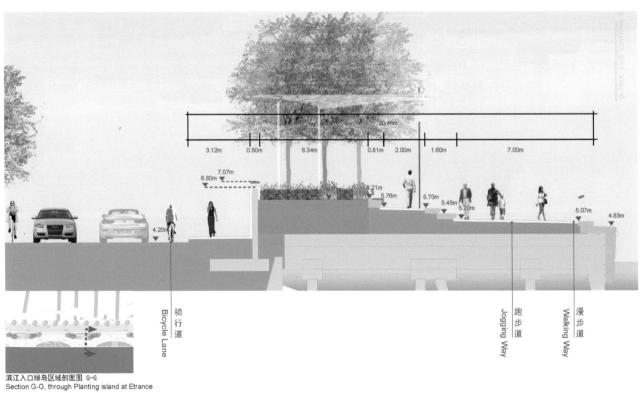

20.46m

3.12m 0.50m 6.34m 0.81m 2.00m 1.60m 7.00m

7.07m
6.80m

5.21m
5.76m 5.70m 5.45m 5.20m 5.07m 4.85m

骑行道 Bicycle Lane

跑步道 Jogging Way

漫步道 Walking Way

OUTSIDE EDGE COVERING S

滨江入口绿岛区域剖面图 G-G
Section G-G, through Planting island at Etrance

上海市黄浦区南外滩滨水岸线公共空间 I 阶段2 南段870米+董家渡370米波浪岸线方案设计　South Bund Riverfront Public Space I Phase 2 - South Part 870m + Dongjiadu 370m Wave Promenade

南外滩江岸夜景照片（摄影：鲍伶俐）

董家渡节点鸟瞰效果图

■ 存量视角引导的系统改造（陆家嘴滨江为例）

陆家嘴滨江段已有 20 年的建成史，地下有关联整个陆家嘴区域的核心管线和城市重要交通隧道。在这样高管控、存量饱和的设计条件下，设计化繁为简，采用超越图纸的工作方法进行现场设计，实现了公园内的贯通道建设及绿地升级。

化繁为简

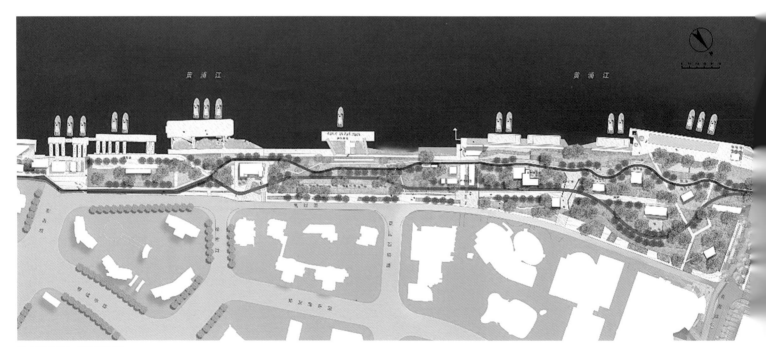

陆家嘴南滨江绿地平面图

中国上海浦东陆家嘴城市天际线全景（上海东岸投资（集团）有限公司 提供 摄影：黄伟国，上图）

陆家嘴水厂贯通桥夜景照片（摄影：姚沛君）

陆家嘴北滨江鸟瞰照片（摄影：刘若昕）

陆家嘴北滨江驿站照片

精细绣花

■ 多专业整合成就的断点联通（上海船厂为例）

本段设计以景观的跨专业视角统筹全局。场地内相隔不远的其昌栈、泰同栈轮渡站阻断了三线的贯通。景观与水利配合，对现状的防汛墙进行了景观化的达标改造，让原本突兀的混凝土墙隐藏在景观的起伏中，保证了环境优美和防汛安全。景观与桥梁配合，从游览的趣味性和空间合理性对场地内架桥打通断点，避开了所有地下障碍物。景观与建筑配合，充分利用了现状轮渡建筑空间，将三股人流在码头二层平台处进行跨越，实现三线贯通的流畅体验。

以绣花般的精细，克服了城市防洪安全、轨交保护、隧道保护、轮渡站建筑空间利用、地下市政管线保护等重重困难，堪称贯通工程中多专业协同的完美实践。

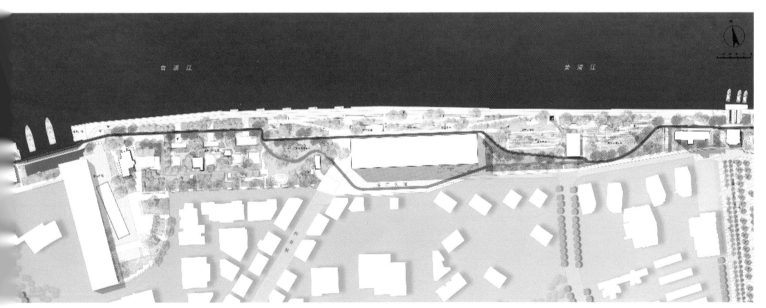

船厂滨江绿地总平面图

船厂滨江绿地实景照片（摄影：鲍伶俐　右下图摄影：杨洋）

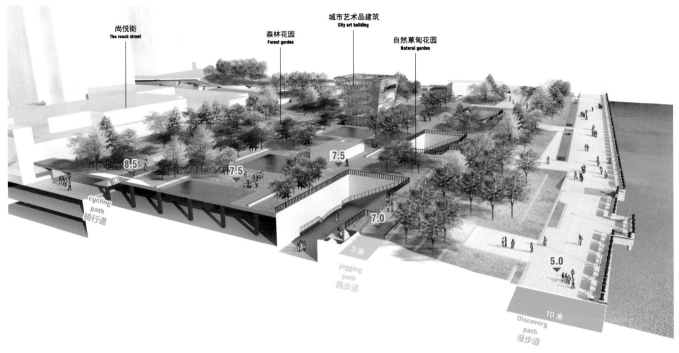

尚悦街
The reach street

森林花园
Forest garden

城市艺术品建筑
City art building

自然草甸花园
Natural garden

8.5

7.5

7.5

4米

cycling
path
骑行道

7.0

3米

jogging
path
跑步道

5.0

10米

Discovery
path
漫步道

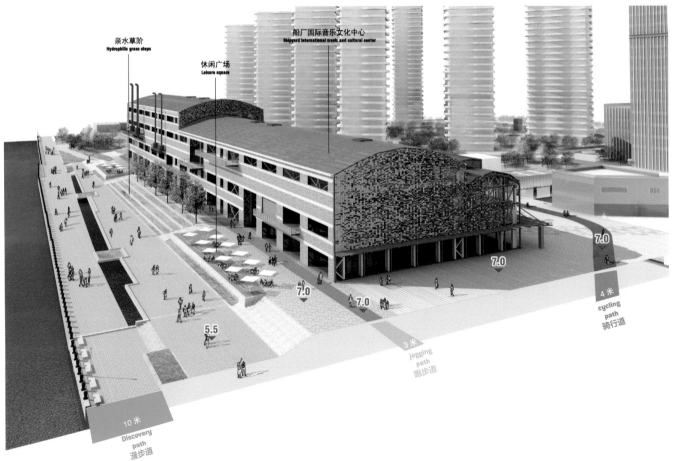

亲水草阶
Hydrophilic grass steps

船厂国际音乐文化中心
Shipyard international music and cultural center

休闲广场
Leisure square

7.0

7.0

7.0

7.0

5.5

4米

cycling
path
骑行道

3米

jogging
path
跑步道

10米

Discovery
path
漫步道

船厂滨江绿地轴侧剖面图

船厂滨江绿地广场照片（摄影：鲍伶俐）

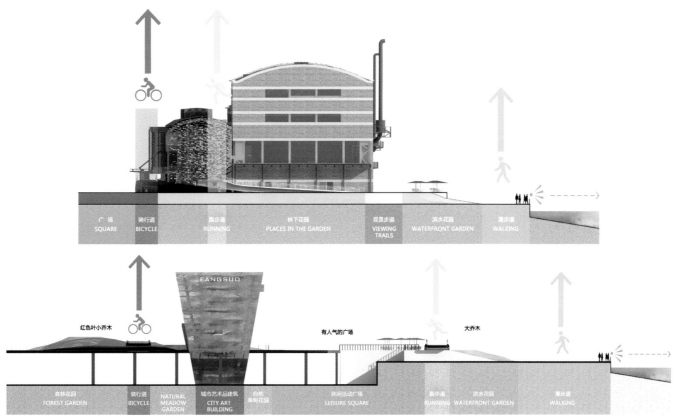

广 场	骑行道	跑步道	林下花园	观景步道	滨水花园	漫步道
SQUARE	BICYCLE	RUNNING	PLACES IN THE GARDEN	VIEWING TRAILS	WATERFRONT GARDEN	WALKING

红色叶小乔木 有人气的广场 大乔木

森林花园	骑行道	NATURAL MEADOW GARDEN	城市艺术品建筑	自然草甸花园	休闲活动广场	跑步道	滨水花园	漫步道
FOREST GARDEN	BICYCLE		CITY ART BUILDING		LEISURE SQUARE	RUNNING	WATERFRONT GARDEN	WALKING

船厂滨江绿地剖面图

船厂滨江绿地鸟瞰实景照片（上海东岸投资（集团）有限公司 提供）

船厂滨江绿地秋日夕照（摄影：鲍伶俐）

弹性活力

■ 功能多样化设计成就的场地弹性（前滩绿地为例）

以地块未来的业态功能为导向，确定了满足一项主题活动及三项衍生活动同时举办的场地尺度，并设置活动所需的配套设施。利用场地中不同的空间性质为市民实现了三线贯通道。延续工业仓储功能记忆，将原有仓库道路融入园路系统。旧建筑红砖材料的再利用，给公园增添了色彩。在充分考虑场地的基本功能的前提下，利用场地中不同的空间性质设置了滨江步道、观演广场、游步道、自行车及慢跑道、亲水栈道、观景凉亭、配套服务建筑等多样化的功能，并赋予它们不同的形态特点，满足不同人群的使用和审美的需求。设计将有限滨江场地资源最大化地利用，为滨水公共空间创造出多种使用的可能性，使其具有长久的活动吸引力。

前滩滨江绿地平面图

前滩友城公园鸟瞰照片
（摄影：刘若昕）

前滩休闲公园可持续花园实景照片
（摄影：杨洋）

前滩友城公园入口实景照片
（摄影：杨洋）

场地活力

■ 高参与度设计成就的场地活力（鳗鲡嘴绿地为例）

高度重视开放空间的参与性，将活动场地的趣味性和吸引力放到了非常重要的位置进行考量。这里最大亮点是对地形的塑造，在上中路隧道南北两侧，形成两座山地，于上中路隧道正上方穿越慢行桥，构成两山框一景的崭新景观格局，完成滨水空间与城市的相互渗透。

通过山体的塑造我们得到了许多难得的设计条件。首先，形成了不同高度层次的慢行道，顺山势起伏，游人可自由穿梭城市森林，可眺望黄浦江胜景，遥看浦西城市天际线。其次，借助不同角度的坡度，形成了遮风挡雨的外廊、冬暖夏凉的服务建筑、台阶剧场，以及独特的儿童乐园与色彩丰富的折坡小丘，穿越小丘的滑梯满足了孩子们与家长的期盼。

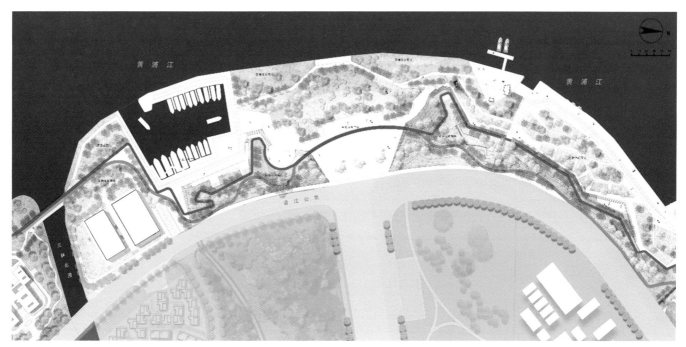

鳗鲡嘴绿地平面图

鳗鲡嘴滨江绿地江岸夜景照片（摄影：杨洋）

鳗鲡嘴鸟瞰实景照片（摄影：刘若昕）

鳗鲡嘴航拍平面图（摄影：刘若昕）

存量规划是一个接地气、出政策、需要长期实践探索的领域，值得每个规划人去思考。时代在变化，巨量积累、精神需求、空间升级，存量的时代已经来临，关注人的精神需求，重塑大城市创造文化、传播文化的功能价值，让我们的城市充满温情。在存量时代，规划立足于滨江沿线区域特点、历史积淀、空间布局，在注重延续城市历史文脉的同时，植入激发区域创新活力的新兴功能升级，让广大市民共享浦江两岸城市名片。

鳗鲡嘴霁华壁儿童乐园（摄影：杨洋，上图）

鳗鲡嘴滨江绿地秋季江岸实景照片（摄影：鲍伶俐）

光的营造

THE CREATION OF LIGHT

———

上海·黄浦区外滩滨江景观照明改造更新工程

Shanghai · Huangpu District the Bund Area Landscape Lighting Renovation and Renewal Project

项目区位：上海市黄浦区外滩延安东路至外白渡桥段
建设规模：总长约 1.2 公里，针对沿线 27 幢历史建筑亮化提升与景观环境改造
项目时间：2018~2019 年
获奖情况：2020 年度上海市建设工程"白玉兰"奖 市优质工程奖
　　　　　2021 年度上海市优秀工程勘察设计园林景观设计二等奖

Project location：Section from Yan'an East Road to Waibaidu Bridge on the Bund, Huangpu District,
　　　　　　　　Shanghai
Construction scale：length of 1.2 km，Involving 27 historical buildings
Project Duration: 2018-2019
Awards：2020 Shanghai Construction Project "White Magnolia" Award for Quality Engineering
　　　　2021 Second Prize Landscape Design of Shanghai Excellent Engineering Survey and Design

■ **重塑海派经典，点亮城市舞台**

——城市温情再耀浦江

黄浦外滩的夜景灯光是上海一张耀眼的城市名片，2018 年为迎接首届中国国际进口博览会召开，上海对黄浦滨江景观灯光进行全面升级改造。在黄浦区灯光景观管理所的大力支持下，景观院以"光的营造"为切入点，用光影阅读建筑，使人沉浸式地体验历史建筑的漫步，并最终受委托对黄浦滨江景观灯光进行全面升级改造。

外滩历史建筑的那一抹经典暖黄光是这座城市最经典的记忆画面。此次黄浦区滨江景观照明改造更新工程在保留建筑经典光色改造提升的同时，运用沉浸式景观灯光的创新手法来实现互动体验性景观的层次性、多元性，在凸显历史保护建筑本色风采的同时，提供前沿的景观审美思考，针对不同的人群进行不同层级的引导。

外滩核心段夜景实景（照片由上海市绿化和市容管理局 提供）

■ 聆听光的声音，看见声音的光

——《外滩漫步》城市光影互动

建筑是凝固的音乐，音乐是流动的建筑。

黄浦区滨江景观照明改造更新工程在国内范围首创以城市为舞台，以建筑灯光为"演员"，通过集中控制技术实现建筑群落光影表演，为外滩光影定制音乐，跳出单纯的灯光设计思维，以定制化设计理念为上海打造出聚焦感官体验与文化记忆的全新活力空间和标志性城市灯光景观。

如今漫步在夜晚的外滩，伴随着悠扬的音乐，通过视觉、听觉的渲染产生多维观感，使人进入全身心投入的状态，实现沉浸式的游城体验。音乐带动灯光，灯光照亮建筑，建筑构成画面，画面联系民众。舞动的光影将人群置身于流光溢彩的梦境空间中。

外滩历史建筑群夜景长卷（照片由上海市绿化和市容管理局 提供）

"情人伞"设计效果图

■ 邂逅海派浪漫，光音绽放最佳处

——黄浦区滨江景观照明改造装置艺术"情人伞"

夜幕降临，华灯初上。当流光溢彩的外滩已然成为一张全上海乃至全中国的金字招牌，黄浦江畔由上海市政总院景观院团队原创打造的外滩艺术灯光装置也成为外滩最新的风景。原本的外滩"情人墙"前，Art Deco 风格的廊架向浦发银行大楼漫射着光芒，灯柱底部设置环形座椅，伞模下的你我他共筑这座城市的风景线，在包容开放的上海，倾听着属于这座城市的"光音"故事。

1. 科艺融合，邂逅光音最佳处

"情人伞"矗立于浦发银行对面的外滩空厢上部，共设三座，它们既是照亮浦发银行穹顶的灯柱，又是诉说着"情人墙"故事的浪漫使者。

"情人伞"整体设计为 Art Deco 设计风格，由座椅、灯柱、伞膜组成。伞膜是十二边形的几何体，加入分体式音乐设备及亮光设计；灯光点亮浦发银行穹顶，在外滩的灯光夜景中独树一帜；座椅可满足游客休憩遮阳等功能性要求。时尚和历史感互相交融的灯光虽置身于万国建筑之外，却通

夜幕下的"情人伞"实景图

夜幕下的"情人伞"实景图

外滩景观伞膜灯柱

图 1《她》

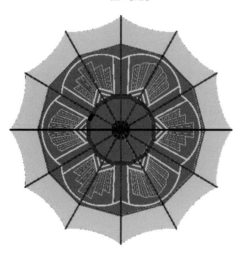

图 2《他们》

图 3《他》

"情人伞"顶视图

过灯光、风格、音乐等无形的元素，再次展示了上海摩登、优雅的文化气息，成为外滩景观带上的新地标！如今，艺术伞膜亦成为外滩夜景的"网红打卡地"，是欣赏万国建筑灯光秀及黄浦江两岸景色的最佳观赏位置。

2. 城市文化交流的载体，光音联结的心灵纽带

艺术伞膜首创外滩多功能集成艺术装置：融入音乐、文化、艺术的开放式交流平台。三个伞架有各自独立的音响控制装备，形成全新立体的户外聆听空间，是升级版公共艺术的体现。多种感官融入的沉浸式体验，以古典的方式诠释了一场现代的邂逅！

3. 浪漫情怀：寓意"他、她、他们"的浪漫情怀

每当华灯初上，灯光洒在那金色的 Art Deco 图案上，朦胧的灯光就仿佛一对恋人在灯下暧昧细语。如果你放慢脚步，驻足倾听，这其实是一段浪漫的爱情传说……20 世纪 70 年代的外滩情人墙是一代人的浪漫记忆，成为当时独特的风景线。时光变迁，屹立在黄浦江畔的艺术灯光以另外一种方式将城市的温情传承下来！三座艺术伞膜分别象征"她、他、他们"，伞膜图案具有特定的象征意义，相互区别又有一定联系。

4. 设计灵感：雨中情，朦胧的诗，最美的情

除了满足功能性的需求之外，我们试想，在万国建筑的大背景下，怎样的装置才适合屹立在外滩景观带上而不显得突兀。此时，"雨中情"中的一个经典画面浮现眼前——雨夜情人在雨中舞蹈，身后是 Art Deco 风格的建筑背景。建筑、音乐、人文就这样融合在了一起。

一个朦胧的、复古的伞状轮廓渐渐清晰起来……由一个场景入手，设计出来的艺术灯柱，与外滩整体环境，有机地融为一体，仿佛它们一直都在那里！

诗话苏河

Poetry about Suzhou River

——

上海·静安区苏州河公共空间贯通提升工程

Shanghai · Jing'an District Suzhou River Public Space Enhancement Design

项目区位：上海市苏州河（静安区）两岸
项目规模：北岸西起远景路，东至河南北路，长 4.7 公里；南岸西起安远路，东至成都北路，长 1.6 公里
项目时间：2020~2022 年
获奖情况：2021 年度"上海设计之都 100+"十大设计奖

Project location：Both sides of Suzhou River (Jing'an District) in Shanghai
Construction scale：4.7 km on north bank,1.6 km on south bank
Project Duration：2020-2022
Awards：2021 SHANGHAI DESIGN 100+

静安段苏州河两岸贯通工程全线 6.3 公里，贯通工程地处城市中央活动区，是苏州河重要的展示窗口，也是苏河公共贯通工程中难度最大、建设标准最高的项目。本次静安段的苏州河两岸贯通以"阅读静安·诗话苏河"为设计理念，按照"整体、典雅、人文、精致"的原则，扎实推进"静安苏河湾"公共空间提升工程，用生态文化景观全力打造人民城市的温情岸线和国际滨水商务活力承载地，相继呈现上海总商会段、四行仓库段、福新面粉厂、不夜城段、蝴蝶湾地块五大片区的"苏河十景"。

整体工程通过梳理景观脉络，打通毛细血管，让滨水空间重获新生，塑造"可骑行、可游憩、有历史、有故事，诗意栖居"的静安苏河湾。以"1+2+3"空间层面为主要目标，分别从打通堵点，贯通空间扩容体验；交通系统叠加，慢行步道体系形成；花园街区营造，系列亮点缤纷呈现。

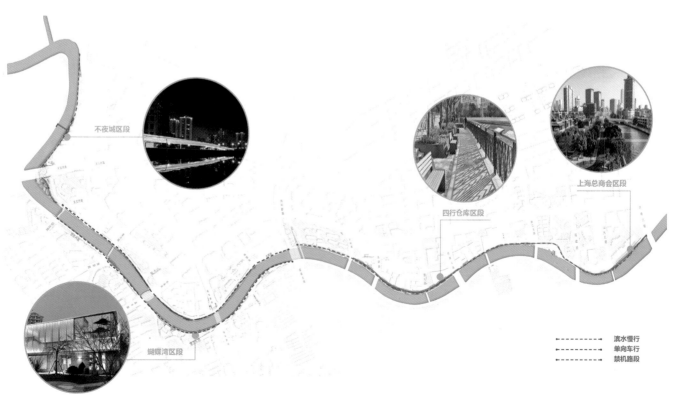

不夜城区段

四行仓库区段

上海总商会区段

蝴蝶湾区段

滨水慢行
单向车行
禁机路段

苏州河静安段主题片区

作为进入静安区的门户节点，北岸的总商会区段，设计具有静安独有的风貌特色，以防汛墙装饰为故事主线，串联雕塑、地刻、光影等丰富载体；融合影像、绘画、音乐等多种形式；展示静安苏河底蕴。城市文化取样串联"摩登花街""阅读静安""苏河之声""穿梭畅想"四个主题的节点。空间形态注重景观、建筑、桥梁界面的衔接，并考虑桥下灰空间的利用；设计整合道路交通，释放滨水空间；植物梳理，适量移除下层灌木，打造自然的生境花园；提供自然生态的林下休憩空间。

阅读静安

提炼苏州河沿岸建筑符号，镌刻在河畔凭栏。将城市记忆雕琢防汛墙侧线条，局部选用上海特有ART DECO建筑装饰符号，并镶嵌复古马赛克。运用预制混凝土定制防汛墙样式，艺术化呈现材料质感，传承历史厚重，体现当代雅致简约，并与环境融合。晚间透光混凝土与灯带形成星光墙体，呈现浪漫风情。

总商会区段"摩登花街"（《新民晚报》提供）

苏州河静安段总商会鸟瞰（摄影：黄一骅）

组合式林荫步行空间（《新民晚报》提供）

花园式滨水共享空间（摄影：黄一骅）

艺术定制混凝土防汛墙（摄影：黄一骅）

触摸苏河

触摸城市的温度，将建筑赋予阅读。防汛墙部分顶面镌刻建筑故事铭牌，建筑符号的刻度深浅按照盲人可触摸的标准定制，将文字化为盲文，让盲人能感知建筑的形态与故事。工匠传承艺术铭牌工艺呈现，采用陶瓷型铸造工艺，高精度铸造、精细打磨，呈现高品质艺术作品。打造可倚靠、可触摸、亦可阅读的凭栏滨水空间，让城市关怀与文化诗意飘荡在苏河水岸。

城市温情凭栏空间，建筑故事铭牌（《新民晚报》 提供）

苏河畅想

提炼 1921 年至 2021 年静安百年时光，融合生活场景与城市风貌的画墙，贯穿在桥廊之间。桥廊处，运用锈色耐候钢板剪影装置，再现老上海的车水马龙，定格中国民族工商业繁荣的时空场景。剪影元素取材于 1935 年《商业月报》的杂志封面总商会建筑样式。时光过隙，邂逅溢彩的苏河畅想。

"时代定格"剪影装置(《新民晚报》提供)

桥下空间更新"穿梭·畅想"(《新民晚报》提供)

以"空间形态"与"时间轴线"为依托，用一次跨时间与空间的对话，回顾繁荣商贸史、民族奋斗史、文化建筑史，展望新时代的美好诗篇。通过还原创作历程，提取"文学对话""苏河之页""马路印记"重要元素，挖掘区域历史底蕴，将周边仓栈特色历史街区版图，与历史建筑符号转化为地刻线条，融入滨水景观。于步道方寸间勾勒苏河记忆，行走间感知时光交错的城市意象。

诗话苏河

公共艺术创作团队联合《新民晚报》，向全国征集静安苏河诗歌，共获 1403 首，评出获奖作品 21 首。创意设计奖获奖作品结合盲文形式镌刻于河畔栏杆上（总长约 80 米），并与《苏河夜航》《童年的河》进行文学对话城市取样。构建场所精神，

共谱人民书写的水岸，人文阅读的河流，城市关怀的滨水。同时，甄选出的获奖佳作由新民晚报制作成有声读物电子书。通过定制二维码镌刻在座椅上，书中的配乐朗诵由"光影之声"残障人士，并邀请多位朗诵艺术家共同完成。游人轻扫，即刻跨越时空，触摸城市温情，耳畔独享，聆听滨水诗篇。

马路印记

挖掘区域历史底蕴，将周边商贸特色历史街区版图，与历史建筑符号转化为地刻线条，融入滨水景观。于步道方寸间勾勒苏河记忆，行走间感知时光交错的城市意象。将消逝的"路名"，镶嵌在 70 余米长的景观墙上，留下了静安时代变迁的市民情感。

诗话苏河—文学作品对话，市民群众书写

滨水栏杆处呈现诗话长卷，盲人感知建筑形态与故

（《新民晚报》提供）

镌刻"苏河之页"二维码的座椅

镶嵌于景墙上的"消失"的路名

历史街区地刻版图

■ 蝴蝶湾公园

蝴蝶湾区段地处静安区苏州河南岸，位于昌平路与恒丰路之间，本次工程结合现状进行完善提升，将昌平路桥和恒丰路桥下沿河步道与公园入口横向"连通"；纵向重在"拓展"，新增三角地约 1200 平方米景观空间，打造一处花园驿站·水岸生境：滨水带全长约 360 米，腹地宽约 8 米，蝴蝶湾滨水绿地结合现状进行完善提升，横向梳理观景视线通廊，纵向打开通行空间，丰富滨水廊道城。

蝴蝶湾公园驿站夜景（摄影：郑毓莹）

■ 友邻社——全龄共享的苏河驿站

场地东侧老泵站建筑改造为苏河驿站"友邻社"，建筑共两层，总面积 246 平方米。总体设计提炼"上善若水"主题，贴合人性需求，并植入多元社区服务功能。建筑外部采用石材＋白磨砂玻璃＋透明玻璃的设计材料，既有环境和历史文脉的传承，又通过朦胧的光散射，与建筑空间流畅互动，体现水岸建筑的温润之光与纯净气质。建筑内部利用错层平台的布局形式丰富室内空间，并于不同楼层形成绝佳的苏州河及内庭花园观赏视线。

驿站一层为共享自助画室，总面积 152 平方米，空间功能包括画作展陈、绘画创作、手工艺创作、交流营造等，为艺术爱好者提供创作交流的场所。二层为共享科普手造，总面积 94 平方米，联合少年报及上海特殊关爱基金

蝴蝶湾驿站二楼休憩空间

蝴蝶湾驿站一层共享自助画室（摄影：贺文雨）

会，组织开展自然研学美育和自然艺术创作活动，带领体验者全方位感受智慧美妙的草木世界。屋顶为共享社区微耕，以模块种植栽培为亮点，倡导健康田园的社区建设理念。

驿站内集全龄段文化艺术体验、科普教育、艺术家驻地创作等功能为一体的共享空间，筑就全龄覆盖、共建共享的友邻之家，"邻距离"分享美好生活。

■ 荫生花园

荫生花园基于场地整合，延展河岸空间，利用1200平方米绿地打造市民驿站。绿地设计以下沉式为特点，营造林荫下的精致花园，利用四周的围墙打造特色荫生植物墙，通过特色蕨类等荫生植物，结合红砖景墙镶嵌。以植物为媒介，景墙为载体，通过色泽、层次、质感、纹理构成会呼吸的围合空间，呈现典雅静谧的氛围。花园内布置一处服务驿站，满足市民休憩、观景等功能，提升滨水休闲品质。

结合场地高差植入特色荫生植物墙（摄影：贺文雨）

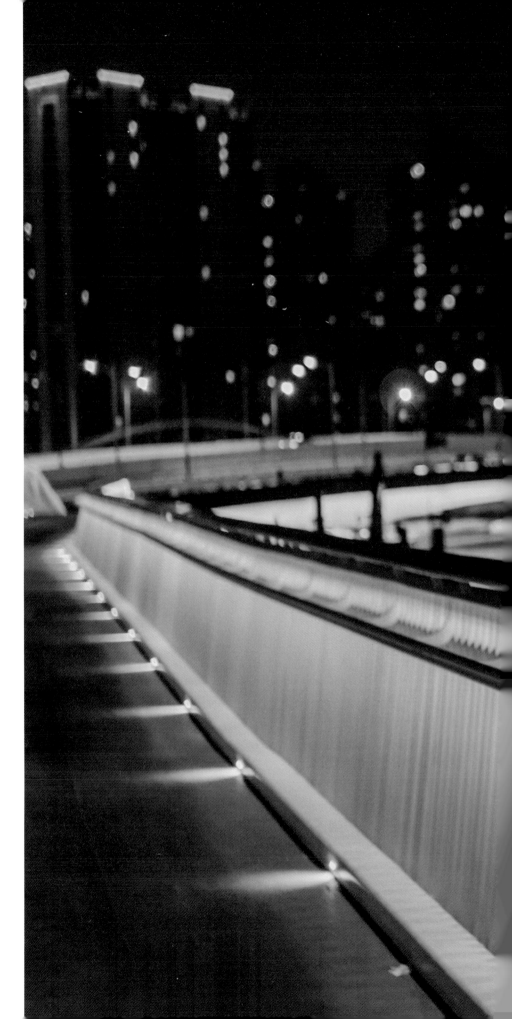

■ 光音桥·交融多感的空间步道

静安段苏州河两岸贯通工程于长寿路桥以北至远景路，采用"陆域栈桥+地面步道"的方式打通断点，总长约700米。其中，《灿若星河》光音栈桥文化创意设计由长寿路桥至苏河一号，全长约260米，宽度2.5~3.3米，以"人与自然共生"为核心思考，创造星河璀璨的滨河梦幻空间。

设计通过桥体贯通、科艺融合、立体绘画、乐曲定制、光影律动等多学科创作，交融多感沉浸体验，立体错层步行交通，串联分割地块，以立体交通方式实现贯通，满足通行、慢跑和停留驻足的功能需求。

交融多感的光音步行空间

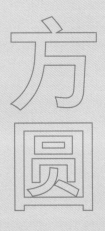

城市始终是一个互补的整体、一个和谐的文化共同体。城市设计在不断地认识新需求，突破旧平衡，构建新平衡。从"城市缓冲、城市外围、城市视觉"三个层面，让城市界面更加和谐、美观和有序。通过恰当的介入、最低的影响，在寸土之间，亦能方圆共生。

2015 年 9 月，联合国可持续发展峰会通过了《2030 年可持续发展议程》，该议程的核心内容为 17 个领域的可持续发展目标，包括从贫困、经济发展、教育、社会包容、环境到健康的可持续发展目标体系，不仅有助于世界各国认识和理解气候变化、环境恶化等一系列全球性挑战的复杂联动及快速城市化所带来的政策挑战，并为国际社会如何采取行动、协力应对提供可靠的路线图。

从设计到评价实践，从过程到结果，在城市实践中，以可持续标准引导区域城市建设战略蓝图。逐步建立全方位的、宽领域的、立体化的生态文明建设体系框架，多方位、多角度、多环节与多情景考核，始终以人为本，促进全社会参与。依据对绿色经济、绿色增长、可持续发展等的综合评价，构建自然资源对于城市公共空间的低影响开发策略及指标体系框架模型，论证面向未来韧性城市发展，从环境、文化、社会、经济、治理五大维度解析可持续城市新路径。

释放城市未来生命力，使城市和人类居住地具有包容性，安全性，韧性和可持续性直接相关并与其他若干目标间接相关。

· 城市化区域的动态：城市分布、新陈代谢和信息学，以及城市区域增长或收缩导致的城市规模和密度变化。

· 新兴城市和现有城市的可持续环境：生态、建筑和城市规划。

· 城市数据：整合从城市数据的收集和分析中产生的创新技术和解决方案，包括大小尺度的空间和时间数据。

· 经济、社会和环境问题：城市变化对不平等、气候变化、粮食、卫生、能源和问责制的实证与理论。

可持续发展标准作为今后城市顶层设计的发展方向，以案例样本作为技术支持，推动了全国多个可持续国际标准合作试点项目。"共生城市"是一个系统性的动态鸿运流程，用于组织利益相关方之间的跨学科协作。该流程在"事实和数据描述""目标制定""方案和情景评估"等步骤之间循环推进。它是一个共同创造的过程，改变由专家单方面讲述的方式，转向让所有利益相关者参与学习和相互激发的过程。充分调动利益相关方的"隐性知识"、创造力和创新能力，并融入这一进程，帮助提出更好的城市发展建议和解决办法。

用"共生城市"设计来推动城市可持续发展，是一种整体性和包容性的方法，目的是将城市挑战转化为机遇，使政府、企业、学术界和社区等利益相关方能够协同工作，并为城市可持续发展出谋划策。

滴水营城

Operating a city based on nature

——

上海·临港南汇新城公园城市规划暨顶科公园示范

Shanghai · Lingang Nanhui New Town Park Urban Planning and Top Tech Park Demonstration

项目区位：上海·临港南汇新城
研究范围：343 平方公里
示范规模：顶科社区科学公园 14.35 公顷
项目时间：2022 年

Project location：Shanghai-Lingang Nanhui New Town
Study area：343 square kilometers
Demonstration scale：Top Tech Community Scientific Park 14.35 hectares
Project Duration：2022

"滴水成湖，向海而生"，这里是沪上最东端的新城，是迎接第一缕阳光的地方，也是众人期许的未来之城……在公园城市新理念的引领下，我们对临港南汇新城的思考，是不仅满足城市绿意由"浅"入"深"的绿量要求，更应该在内涵上体现本地"因地制宜"的特征，能够为南汇新城发展打造新的增长极，为城市软实力的提升创造更好条件，让整个新城成为更具活力与创新力的"家园"。

坚持全面复合共享的集成建设是规划的核心要义，通过空间复合、功能复合、专业复合、管理复合等多方面展现公园城市建设创新模式，全面按照复合集成理念实施项目筹划。

■ 生态渲染，大规模色彩风景——全域生态要素复合

坚持绿、水、林、湿多重空间复合，稳固蓝绿复合、低碳韧性的生态格局，锚固生态安全，提升生态涵养功能和生态保育率。挖掘城市集中建设区以外的高风景价值、人文价值的生态绿地、田园乡村，打造郊野公园示范点。构建共享低碳的农林复合用地运营模式创新，打造自然生态的城市绿肺、科普野趣的体验地、生态游憩的目的地。

规划六类主题区域郊野公园，包括生态林地主题、田园郊野主题、文化生态主题、科技创新主题、滨海湿地主题、临港绿心。

绿色是一座城市的底色，是内在涵养和外在气质的展现。持续提升森林覆盖率水平，是规模化色彩风景建设的生动体现。

1. 林城复合，聚焦重点生态廊道建设

以生态走廊建设为森林建设重要承载区，建设沿海防护林、环廊森林片区、集中林地，打造多彩缤纷、林城共融的森林景观，提升森林资源开放度。

通过森林公园、线性林带、集体片林等形成点、线、面相结合

的森林体系，与城市功能组团、生态廊道、沿海防护相结合，构建地区安全、健康、生态的森林网络。落实各生态走廊内建设用地减量化任务，开展生态修复，连通生态廊道网络。推进生态走廊和近期廊道实施，以生态走廊建设为森林建设重要承载区，建设沿海防护林、环廊森林片区集中林地等。

2. 林绿复合，完善公园绿地造林水平

依据经验值，一般公园森林覆盖率约40%，较好的公园可达50%，森林公园最高达到70%。临港引导公园绿地采用较高乔木覆盖水平，加快推进公园林地建设。并开展公园绿地扫盲排摸，全面梳理包括地区公园、绿地、林带等生态空间及城市公共空间的"边角料"，在改造提升现有绿林地

服务功能的同时，强化乔木绿化种植，提升公园森林覆盖率水平。

3. 林水复合，打造蓝绿共融森林网络

利用管理机制的先天优势，统一部署河道绿化，实现蓝绿共融的生态空间。在营造"湖海相融"丰富水系格局的同时，结合陆域部分绿化统一整体考虑设计，通过自然式群落林木配置方式呈现河道景观特色，实现林水复合利用，提高临港新片区的整体森林覆盖率。并提升林相丰富度，落实"四化"工作提升绿化品质。突出政策创新，强化空间保障。开展土地、资金、政策创新，搭建多方平台，健全生态补偿机制。将森林建设与水环境整治、城市开发相协调。统筹空间资源，协调专项规划，开展生态资源复合利用。

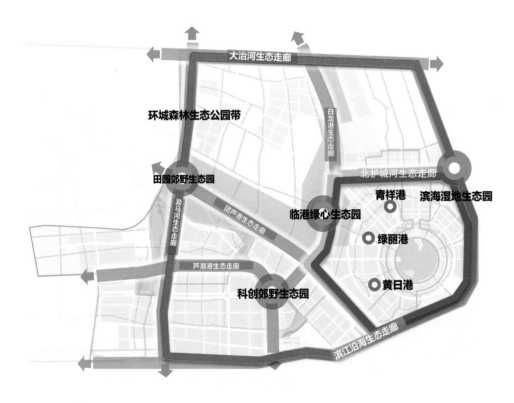

区域公园规划布局图

■ 经纬镶嵌，无界化绿链街区——线性绿廊网络复合

规划"四环四楔、绿廊成网、多园嵌入"的总体结构，建立"织绿网""提品质""塑品牌"的实施路径。

1. 三线统筹，四道合一

打破壁垒，统筹道路红线、绿地绿线、地块红线，对公园内和道路上的现状绿道、步行道、自行车道、林荫小道等进行断面整合、空间融合，构建"三线统筹、四道合一"的慢行绿链体系，衔接公园绿地与道路空间，让通行变为体验，让街巷空间变为家门口的好去处，让公园绿地变得可度量

而又无边界。

城市道路段：通过改形式、补植被、优层次，将绿道、园道、步行道、自行车道进行合一处理，形成"骑行与步行并重""四道合一"的道路型绿链体系，慢行空间绿荫覆盖率提升至90%以上，使用率与空间品质大幅提升，居民绿化感知与慢行舒适度大幅增强。

郊野公路段：通过路权重分、种植提升、林荫小径，形成"以骑行为主，步行为辅""骑行与车行并行"的郊野型绿链体系，郊野游憩功能得以补充，景观环境品质大幅提高。

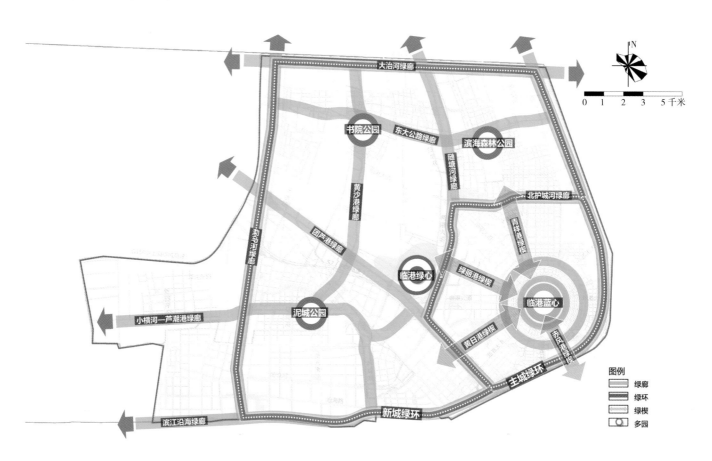

公园绿链空间结构图

绿道

3.0–3.5 米

| 公园 | 骑行 | 公园 |

环湖绿道

步行道/自行车道

1.5–3.0 米　2.5–3.0 米

| 绿植 | 步行 | 骑行 | 绿植机动车道 |

申港大道步行道/自行车道

林荫小道

1.5 米

| 绿植 | 步行 | 绿植 |

临港大道林荫小道

2 米　1.5–3.5 米　2–3 米

| 绿带 | 跑步 | 步行 | 绿植 | 骑行 | 绿植 | 机动车道 |

四道合一：断面整合、空间融合

建设标准参考林荫道、绿道建设标准

四道合一模式图

道路复合建设效果示范

东大公路建成示范（摄影：贾松宸）

2. 南汇金秋，季相特色

依托功能及绿链布局，划分4大景观风貌区，各风貌区保留并
放大区域特色，通过植被、铺装、亮化、公共艺术等景观要素
进行引导，实现"金秋引领、四季画廊、绿意盎然、创意示
范"的美好图景。

在指标方面，提出高固碳苗木应用率指标，提升单位面积固碳
能力；提出滴水湖核心区街道绿视率要求，构建行道树街景空
间一体化林荫风貌，丰富城市绿化维度。

在植物品种选择方面，以秋季的年度盛事世界顶尖科学家论坛
为动能，选择秋叶重点品种，勾勒南汇金秋意向，欢迎天下宾
客；重点区域尝试进口特色植物品种引入彰显国际风。

在植物种植模式及管养方面，提出多排大乔木种植模式，打破
用地边界，助力临港森林覆盖率提升；重点区域尝试特色植物
修剪、形式化种植布局等方式呈现未来感。

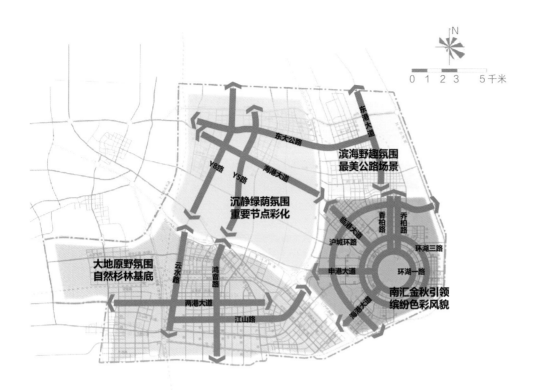

风貌分区图

古棕路建成效果示范（多排行道树种植）
（上海临港新片区建设发展有限公司 提供）

特色修剪种植　　　特色圣诞苗圃　　　特色排列种植

特色种植意向

依托传统绿地系统分级分类，结合"公园+"与"+公园"的双向引导，践行公园城市理论的实践转化，划分2大板块、8个类型的绿地空间，以创造可识别、可感知、有温度的公园场景为初衷，构建临港全域公园绿地体系的人本设计引导。

1. [公园+] 绿地体系——复合城市功能的服务实践

城市公园——构建多元复合的综合性城市公园，打造人文、自然、平等、真善美的庞大综合体。以生态、休闲游憩为主，兼具文化传承、科普教育、应急避难、绿色基础设施等多种功能。规划极具识别性的二环带城市品牌超级打卡地：勾勒生态天际线景观界面；融入大型城市公共服务设施；提供完善的具有临港特色的城市公园服务；聚焦传统与现代活力文化互动，打造城市多元文化汇聚地。

地区公园——构建"一镇一品"的特色风物展示体系，打造片区风貌展示、公共交往、休闲游憩场所。规划统筹地区公园，一园一主题，打造村镇、生产片区特色鲜明的重要轴线界面，打造体验舒适的打卡场景；聚焦历史、民俗、时代三类文化要素，关注地方特色展示与体验，助力村镇和产业文化传播。

社区公园——构建社区融合的个性化公共空间，打造全年龄段日常生活、休闲、健身、接触自然环境的场所。在此层面的绿地空间特别提出弱化主题性，强化社区共享性，以构建公园形态的城市空间基础单元。通过小微场景强化标志性，营造社区归属感。以体验便捷的日常配套为主要功能，倡导共享共治，促进邻里互动。

2. [+ 公园] 绿地体系——附属绿地的开放共享实践

附属绿地的开放共享，是切实回应公园城市建设的路径，一切公园化的城市空间，才是高质量空间的建设目标。规划提出指标要求和提供管理办法，希望通过多专业、多部门的协同跨界实现政策突破，逐步实现附属绿地的全面开放共享。

街道空间+公园：重构人本链接的公园街道空间，实现街道一体化的功能优化及场所营造；河道空间+公园：水绿一体的生态景观空间营造，由蓝绿割裂到无缝连接的绿色休闲一体化体验；社区空间+公园：共享共治公园化社区开放实践和参与式营造探索；公共设施空间+公园：以文商旅体融合发展公共附属绿地新场景。

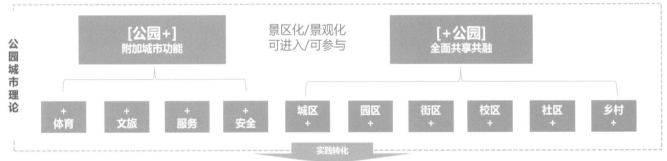

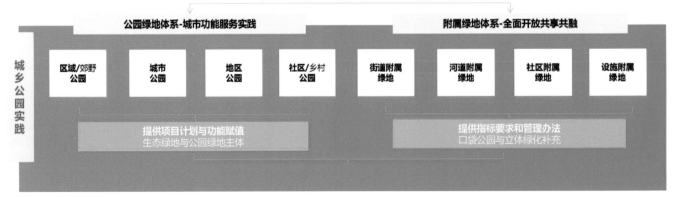

公园城市实践转化框架图

科学公园景观工程位于上海市临港新片区顶尖科学家社区内，总用地面积 14.35 公顷，是该区域核心的绿化工程项目。设计规划有莫比乌斯环、零碳建筑、江南园林三大特色亮点；策划有青年 T 大会草坪、分子花园广场和科学家哲思小径多个景观节点；设置有公共地下停车场、公交首末站等附属配套服务设施。同时，公园按"四化"标准建设，增加本地开花及色叶类植物品种，旨在呈现四季有景、色彩丰富、主题鲜明的景观风貌。

1. 全方位高水平开放，聚焦国际创新协同，一起向未来

项目设计乘势上海建设嘉定、青浦、松江、奉贤、南汇五个新城，打造迈向最现代的未来之城，塑造"国际风、未来感、海湖韵"的临港新片区的国家战略和总体目标。在整体布局上，引用莫比乌斯环的空间造型串联科学公园各个功能主题区，展现"无处不在的绿色、无处不在的科学、无处不在的艺术"的设计理念，在空间体验和视觉感受上塑造现代感和未来感。

2. 世界顶尖科学家社区整体定位"全球新时代重大前沿科学策源地"

科学公园设计秉承国家"双碳"战略，凸显顶尖科技的时尚引领，在科学公园内布局一处零碳建筑展示馆。展馆以克莱因瓶为灵感来源，尽显零碳建筑的科学之美，在理念上延续了对莫比乌斯环的演绎。建筑通过采用木结构形式，光伏发电结合电容储能、直流电照明供电等科技手段，实现展馆零碳与低碳的技术内涵。

3. 多主题、深体验、高品质、有温度的海派文化江南韵味

科学公园设计的江南园林片区，运用"起、承、转、合""主与次""欲扬先抑"的传统空间序列手法，在科学公园内提供古典园林的文化体验，实现原汁原味的传统江南风与现代科技动感相辅相成、相得益彰的景观塑造。

顶科社区科学公园鸟瞰效果图

顶科社区科学公园莫比乌斯环效果图

■ **一张蓝图，构建临港公园城市示范**

多规合一，形成一张蓝图、一套标准，提出特色人本化创新指标体系，建立城市跨界绿色开敞空间的一体化规划设计导控机制，进一步着眼顶层谋划，聚焦重点、优化格局、跨界交流等举措，实现工程项目服务的可持续稳步发展，为蓝绿空间高质量营造提供创新模式与发展思路，为国家"十四五"的规划发展贡献力量！

顶科社区科学公园零碳建筑效果图

顶科社区科学公园江南园林效果图

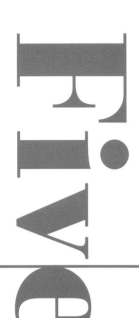

生态纽带

Ecological Linkages

——

武汉·光谷中央生态大走廊规划与建设

Wuhan · Guanggu Central Ecological Corridor Planning and Design Standard Leading

项目区位：武汉·东湖高新区

项目范围：北起九峰山，南至龙泉山，西至光谷四路，东至豹溪路，南北长约10公里，总面积约343公顷，
整体分为一、二两期工程

项目时间：一期2018年至今，二期2020年至今

获奖情况：2021年度上海市优秀工程咨询成果三等奖

其他情况：全国首批36个生态环境导向的开发（EOD）模式试点项目、湖北省长江经济带绿色发展
"十四五"重大项目库入库项目

Project location：Wuhan-Donghu Hi-tech Zone

Project scope：Approximately 10 km in length from north to south, with a total area of approximately
343 hectares

Project time：Project Phase I from 2018，Project Phase II from 2020

Awards: Third Prize of Shanghai Excellent Engineering Consulting Achievement in 2021

Other situations: Selected as an international case of ISO 37108The first batch of 36 pilot projects of
ecologically and environmentally oriented development (EOD) mode in China, and
the major projects in the "14th Five-Year Plan" Green Development of Yangtze River
Economic Belt in Hubei Province

■ 可持续发展国际标准（ISO37101）

ISO 37101 是 ISO/TC268（国际标准化组织城市可持续发展标准化技术委员会）发布的首个针对城市推进可持续发展战略蓝图的最高管理标准。该标准为不同发展阶段城市提供整体性、科学性的可持续发展管理指导，促进智慧、弹性城市建设，全面提升城市可持续发展水平。该标准遵循计划 – 实施 – 评估 – 反馈（PDCA）可持续发展管理流程，通过解决城市在治理、教育、创新、共同生活等可持续发展 12 个领域问题，以达到城市提升城市吸引力、增强社会凝聚力、增进人民福祉等 6 个愿景。ISO（国际标准化组织）有 165 个成员国（地区），有"技术联合国"之称。ISO 成立 TC268（城市可持续发展标准化技术委员会）目标为了给全球更好落实 2030 年可持续发展议程提供标准化支撑（2015 年由联合国成员国共同签署通过，习近平主席在 2016 年 G20 杭州峰会、2017 年新兴市场国家与发展中国家对话会、2019 年首届可持续发展论坛、圣彼得堡国际经济论坛，2020 年 G20 峰会、2021 年达沃斯论坛，多次提出落实该议程）。

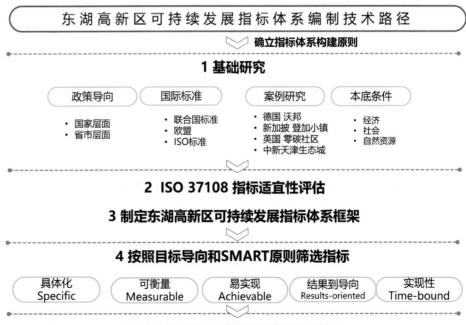

东湖高新区可持续发展指标体系编制技术路径

2019 年 10 月 17 日，东湖高新区在 ISO/TC268 国际标准化组织秋季会议上向 TC268 城市可持续发展标准化技术委员会 WG1 工作组申报将东湖高新区打造成 ISO37101 国际标准示范区，将光谷中心城打造成生态商务区（EBD）世界范例和商务区国际标准、国家标准的发起方之一。

按照 ISO37101 示范区的要求，对高新区可持续发展的本底条件进行诊断和初始评估，围绕 ISO37101 的 6 大宗旨和 12 大领域，建立构建城市可持续发展指标体系，推进东湖高新区国际标准试点建设的实施方案，开展试点试验工作。

通过 6 大目标（purposes）与 12 个领域（issues）的交叉分析，提出指标体系及改进计划，促进可持续发展。

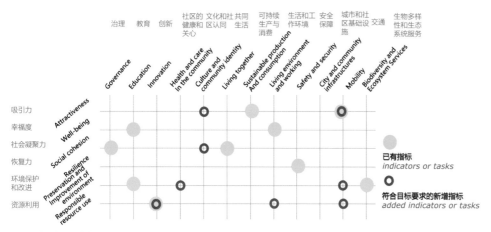

ISO 可持续发展指标体系

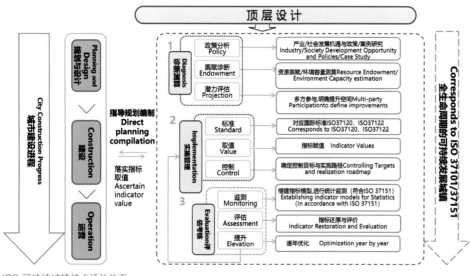

ISO 可持续城镇技术评估体系

目前，项目第一阶段工作已全部完成并取得了预期成果，国际标准试验城市申请获批，商务区国家标准已经发布，国际标准 2022 年 8 月发布，生态大走廊案例被纳入国家和国际标准草案中。

光谷经验也有效支撑商务区可持续发展国家／国际标准的编制。光谷坚持"绿色可持续发展"理念，始终把生态环境保护摆在优先位置，并且通过制定绿色低碳的规划和指标进行控制实施，注重生态景观节点与绿色基础设施系统的联系，建成水道、绿道、空中轨道相融合的绿色基础设施及景观系统，以确保建成环境的可持续性。水道实施规划综合考虑丰水季节和枯水季节特点；绿道实施规划串联整个生态大走廊，"绿道"规划形成"2133"的总体结构，包括 200 公里城市绿道、120 公里社区绿道、3 大功能片区、3 级配套服务设施；空中轨道定位以观光为主，兼顾交通功能，打造串联生态大走廊的旅游观光线。生态

大走廊重要节点与地铁、有轨电车站点无缝换乘，绿色出行、简约生活。同时通过区内六大重要生态节点建设，促使点线面结合，打造一个相互联系有机的绿色基础设施网络。其经验作为案例纳入国家标准《城市和社区可持续发展商务区 GB/T 40759 本地实施指南》GB/T 40763-2021 和国际标准 ISO37108 中，有效支撑了商务区可持续发展的内在需求之一"可持续的建成环境"，助推商务区的可持续发展。也通过国际标准示范工作的开展，进一步提升东湖高新区治理体系治理能力和营商环境；推动加快落实"双碳"战略；提升东湖高新区在城市可持续发展标准化领域的话语权和品牌，推动光谷主导产业链构建和"光谷经验"走出去。

为大力推进创新光谷、富强光谷和美丽光谷建设，推进高质量发展三年行动，高规格打造世界级"黄金十字轴（光谷科创大走廊创新横轴和光谷生

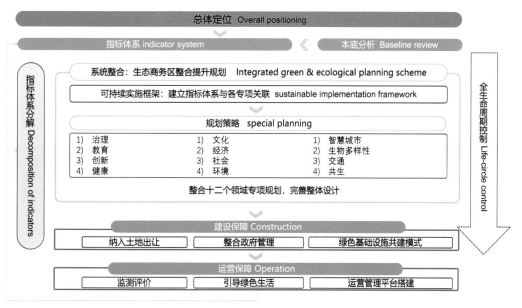

ISO 规划体系提升路径

态大走廊生态纵轴)"，高新区明确未来所有专项规划和实施方案要坚持对标 ISO37101 国际标准，要符合"世界水准、中华气派、长江文明、光谷特色"的定位，要在世界范例中听到光谷的声音、看到光谷的身影。在此背景下，豹子溪中央生态大走廊需高标准建设，并建成水道、绿道、空中轨道相融合的绿色基础设施及景观系统，以确保建成环境的可持续性。

■ 人与自然的生态纽带

构建水敏感大湖公园城市示范

规划伊始，光谷中央生态大走廊就承载了构建世界级城市绿廊的重要功能。它是连通武汉市大东湖绿楔和汤逊湖绿楔的主要廊道，在区域生态结构中具有重要地位，是对武汉市生态发展战略和生态格局的落实和提升。

规划以对标可持续发展国际标准（ISO37101），打造水敏感大湖公园城市示范标杆为目标，基于生态城市原理对于"公园城市"理论的进一步深化完善，提出创新营城模式，希望以大尺度生态廊道区隔城市组群，以高标准生态绿道串联城市社区。同时，基于"廊道+"的理念，构建生态轴（生态保护、城绿互融）、景观轴（公园城市、美丽画卷）、人文轴（光谷特质、文旅示范）、科技轴（创新品质、智慧绿廊）、交通轴（立体交通、绿廊成网）"五轴一体"的多元化的生态廊道，推动公共空间与自然生态相融合。

■ 从九峰山麓到龙泉山

光谷中央生态大走廊绵延 10 公里

光谷中央生态大走廊，位于武汉市东湖武汉东湖新技术开发区，包含一期、二期工程，北起九峰山，南至龙泉山，东临豹溪路，西至光谷四路，南北全长 10 公里，最宽处接近 500 米，工程建设面积约 348 公顷，其中一期工程北起高新大道南至高新五路，工程面积约 120 公顷，二期工程北侧地块北起森林大道南至高新大道，南侧地块北起高新五路，南至龙泉山，工程面积约 228 公顷，绿道 12 公里、水道 9.2 公里，总投资约 23 亿元。工程一期、二期分别于 2018 年 9 月、2020 年 11 月开工建设，目前已基本完成主体建设内容。

人与自然的生态纽带（摄影：周文武）

■ "三道"交织

展现山水林田湖草的生态绿廊

工程延续光谷生态大走廊总体规划及"三道"专项规划的总体原则，以空轨、绿道、水道为空间交通及景观脉络，形成"空中观景、地面看景"的交通观赏游线，水道作为生态基底，沿线分布各功能和空间节点。

工程与九峰山及龙泉山相接，生态特性显著，打造集"山、水、林、田、湖、草"于一体的生态绿廊，展现山林风貌、多彩梯田、花田花海、疏林草地、生态湿地等景观特色空间风貌。

■ 溪潭模式

多级跌水的永续流淌的山水画廊

构建安全水系格局，通过拓宽河道、疏导清淤等一系列水利措施，提升过洪能力，改造后的大走廊雨洪廊道可保证50年一遇洪水位的泄洪需求。

自然的溪潭模式，构建常年有水的城市山丘区阶梯溪潭型河道。枯水期——生态补水形成连续不断的生态溪流；平水期——形成丰盈蜿蜒的自然河流；洪水期——通过生态漫滩增大过洪能力，形成顺直通畅的过洪通道。通过河道生态塑造，构建水生态系统，恢复河道生境，在满足排涝功能的基础上实现准Ⅲ类水质管控目标，实现城市与生态廊道的平衡发展。

"三道"交织的生态绿廊（摄影：周文武）

户外自然民享空间·水岸绿道（武汉光谷中心城建设投资有限公司 林浩提供）

户外自然民享空间·生态草阶（武汉光谷中心城建设投资有限公司 林浩提供）

■ 生态连续

断点联通，实现水系、绿道、生物通道的畅通

生态大走廊被多条市政道路隔开，对生态的连通具有较大的影响，阻隔了廊道自身以及与周边绿地等生态斑块的生态连通，影响区域生物多样性。

设计坚持生态优先原则，通过上跨人行景观桥梁、下穿 U 形槽和栈桥等方式对现有跨市政道路断点进行改造，打通绿道、水系贯通的盲点，实现生态延续。结合区域的生态条件，采用小型涵洞式路下通道来连通被割裂的生态斑块。通过生态改造小型的地下空间，如排水道、泄洪道等，形成适合小型动物，特别是两栖、爬行动物迁徙的小型涵洞式路下通道，以满足生物的迁徙需求。

溪潭模式·冬日溪潭湿岛（上）
（武汉光谷中心城建设投资有限公司 林浩提供）
溪潭模式·夏日溪潭湿岛（中）
（武汉光谷中心城建设投资有限公司 林浩提供）
多级跌水永续流淌的山水绿廊（下）
（摄影：周文武）

■ 湿地科普中心

打造中国—长江流域—湖北特色的水生植物多样性展示平台

响应长江大保护的国家战略，以湖北地区特有的水生植物作为主要科普题材，打造生态大走廊湿地科普中心。科普中心主要分为室内及室外两部分，室内部分主要以长江流域－湖北特色的水生生物标本展示与体验为主；室外部分，设置科普展示区与植物扩繁与科研试验区，集合水质净化、科普宣传、科研及植物扩繁用地等多功能，打造中国—长江流域—湖北特色的水生植物多样性展示平台。

长江流域－湖北特色的水生植物多样性
展示中心（摄影：周文武）

水生植物多样性展示中心·
湿地科普观察窗

"一部手机游绿廊·一部手机管走廊"的智慧廊道

用物联网、云计算、移动互联网等技术，对园区地物要素、自然资源、游览行为、园区管理、基础设施和服务设施等进行全面、透彻、及时地感知。优化再造园区业务流程和运营管理，提高园区服务质量，对旅游安全、旅游营销、日常办公、交通疏导等全面实现可视化、流程化和智能化的高效管理，为游客提供全天候、全方位、全过程的旅游咨询、旅游体验和互动交流服务，实现园区环境、社会和经济的全面、协调可持续发展。

一部手机"游"绿廊：从游客角度出发，通过信息技术提升旅游体验和旅游品质。基于物联网、无线技术、定位和监控技术，通过移动 APP 端实现信息的传递和实时交换，让游客的旅游过程更顺畅，提升旅游的舒适度和满意度，为游客带来更好的旅游安全保障和旅游品质保障。

一部手机"管"绿廊：面向管理部门，整合 PC 端系统建设的园区环境、设备的综合监测预警、广播、能耗、值班以及设施设备的自动化管理等应用，结合移动端不受空间、时间限制的特点，建设移动端业务管理系统，实现随时随地移动办公，帮助管理部门进入业务智能化时代。

智慧赋能·智慧综合管控平台界面

现象的交叠，空间与景物的互合，用无影的手法增加界面的透明性。水、光、风在空间中自然地流动，人们对其细微而有生命力的变幻，会有更细致的感受。因为这些灵动的存在，使得空间与人们的灵感更具生命活力，拉近人与自然的距离，这是对生命、人文的一种很重要的关怀方式。世界是事实的总和，而不仅是物的总和。个体的意愿从自然界中提炼出来，最初是感知，继而是认知，最后是辩证。若说感知是经验，那么认知是先验，经验与先验的结合构成了叠合的逻辑论题。

"人如何感知和使用空间，而物质空间环境又以何种程度、何种方式影响人的感知与行为？"这一问题一直是建筑、城市设计和景观等多学科领域的核心关注。环境对人产生的认知，是潜移默化而深刻的：嘈杂与静谧、封闭与流动、粗糙与细腻，不同的环境，人的感官所感知并触发的情绪也各异。20世纪60年代，美国著名建筑师科林·罗与罗伯特·斯拉茨基首先提出"透明性"概念，将其定义为"物理的"和"现象的"两个方面。从"透明性"特征出发，形式表面下的哲理思考，空间与时间的共时性交叠。"透明性"摆脱了简单功能主义，让空间形式趣味多样，空间关系模糊暧昧，并以人的自身体验为切入点去设计。在当代城市空间设计多元的发展环境下，"透明性"仅仅是一个视角。从更多新视角中我们能更好地"看见"时间和空间的叠合、流动，艺术的形态正如此深入于公共空间的存在，并被设计师、艺术家、受众者共同改变。

设计从不局限于任何既定的用户或空间背景，空间则是突破边界的几何学，赋予全新的表现形式。几何抽象派先锋马列维奇的著名作品《白底上的黑色方块》，创作出"最经济的"艺术图形，这种图形极简，画中所呈现的方形，它的空无一物恰恰是它的充实之处，方的平面标志着"至上主义"的诞生，它是一个新色彩的现实主义，一个无物象的创造，孕育着丰富的意义……"纯粹的感觉或知觉在艺术中的至高无上"，这就是"至上主义"新观念的起端。"只有当我们远离大地，当再没有什么支撑着我们的身体时，我们才能真正地理解空间。"在全球化语境下的今天，我们依然可以以马列维奇的作品研究作为空间设计的准则，从"至上主义"抽象经典中窥见某些空间价值元素，追寻这种指引并从中汲取力量，为空间完整性发展提供更多可能，并遵循现代设计艺术思辨及实践检验。今天的社会正是以最根本的物象元素重构我们所生存的世界，设计是工业化社会的产物。

将设计艺术转化为产品、从而服务于社会。体块叠合结构的平衡，存在于自然界所有的生命样式中，每一种形式既是自由的也是个人的，更是世界的，并让时间赋予在不同地点作为"社会凝聚器"的功能。

六感之韵

The Rhythm of Six Senses

——

嘉兴·"九水连心"景观提升长纤塘样板示范

Jiaxing · "nine rivers" landscape enhancement design of Changxiantang demonstration

项目位置：位于嘉兴经济技术开发区（国际商务区）鸣羊路以西、长纤塘以南
项目规模：长约 330 米，总面积约 1 公顷
项目时间：2020 年

Project location：Jiaxing Economic and Technological Development Zone
　　　　　　　　（International Business District）
Project scale：length of 330 meters， area of 1 hectare
Project duration：2020

"九水连心·五彩嘉兴"景观提升工程长纤塘样板段，以感知为出发点，整体以"江南六感"为设计理念，在行走间感知"视、听、闻、品、触、心"六种感官体验，串联"一园一廊六节点"的景观结构，营造"吴侬船歌·长纤丝语"传统典故的当代景观，品读"意境"到"心境"的空间升华。深入解读城市精神，用"江南六感"的感知理念先导功能需求，梳理空间关系，赋予场所精神，延展城市舞台，深耕城市品格。

■ 六感之韵·视

九水连心工程长纤塘样板段（摄影：吴若昊）

雕塑"叶语"（摄影：吴若昊）

"叶语"——灵感来源抽象化的树叶，作品采用高分子材料 3D 打印技术。造型运用重叠、旋转手法，诠释叶子自然多姿的形态，绵密交错的叶脉纹路编织出流动的曲线。色彩基调选择纯净永恒的白色，调和出空间的静谧，点缀于静水面中。用现代极简手法演绎的自然语汇，叶、水、光、影等灵动元素被提炼出来，带来小中见大的场景体验。

"The River Book 河塘纤书"——创意源自对嘉兴城市地理特点的艺术描摹，九条河流抽象化地向上螺旋伸展。作品由张力弹性绳索制成，色彩上闪黄的金色调性，体现自然中和之性，创造出九道舞动的波潮。大量铺展的绳索汇集交叠，游客通过多种感官方式去体验，穿过装置中的隐藏空间并逐渐消失在层峦叠嶂的条线中。

■　六感之韵·听

"水之心"场景定制音乐作品。对于记忆，水，是比时间还要柔软的载体。历史、情感甚至生活的痕迹都在此包容。她不歇地流淌，带走了却也留下，土地的每一处生机与印记。随着音乐，走入更深的记忆。不仅有诞生时聆听到的第一声自然之音，也有答案，关于我们从何而来。是水创造了，也滋养了。水的地图，也是心灵联结的地图。是水联结了地域，也是在这里生活与漫游的人，让水得以流动，直至变为永不停歇的乐章。

装置艺术"The River book"河塘纤书
（摄影：CREATER 创邑）

087

■ 六感之韵·闻

"印象花园"花境造景核心组团分区域展现五种典型意境：石畔集花—主景组合花镜、林下悦花—主景组合花镜、芳径赏花—路缘组合花镜、芒角拾花—观赏草花镜、溪涧探花—滨水组合花镜。融合与衬托场地气质与内涵，通过芳香植物丰富嗅觉，打造有层次、有背景、有绿量的可品景观，营造步移景异、观花成群的空间体验。

"溪涧探花"花境空间营造（摄影：吴若昊）

■ 六感之韵·触

"诗遇"作为团队首创创意亮点盲文阅读，用触摸的方式感知城市温情。诗文采集源自著名学者兼文学诗人朱彝尊（今属浙江省嘉兴市人）的作品《鸳鸯湖棹歌》，精妙摹写出禾城名胜古迹、历史传说、地道风物的意境之美。诗歌以盲文的形式镌刻在座椅、栏杆上，赋予城市阅读的温度。

"诗遇"首创盲文触摸阅读，赋予城市温情　　"诗遇"公共艺术指示牌
（摄影：吴若昊）　　　　　　　　　　　（摄影：吴若昊）

■ 六感之韵·品

[禾城驿+故事商店]作为禾城驿的接力站，它是一个承载城市记忆的空间容器，借助城市故事联结彼此，感知城市温度。嘉兴的城市品格：厚植温暖，勤善和美，是一个有爱有情怀，充满人文气息的城市。在小微驿站里，收集、记录、传递故事，感知人生；将艺术人文、在地生活、文创跨界融为一炉，以鲜活、灵动的方式书写人民的故事，创造有爱、有光的一方天地。

"禾城驿+故事书店"临水空间（摄影：吴若昊）

■ 六感之韵·心

烟雨廊整体造型蜿蜒曲折，从人-声音-环境关系出发，呈现"一廊串景"空间格局。运用现代设计手法自然融入"音廊""艺廊""文廊""花廊"递进式空间层次。回廊尽头结合观赏草与跌级台地，丰富观赏体验，打造出"竹林摇曳、风铃窣动、流水潺潺"的生活意境，在行走间用心感知空间的治愈。

（摄影：吴若昊，上图；CREATER 创邑，下图）

"烟雨廊"廊下台地花园灵趣生动
（摄影：吴若昊）

"烟雨廊"廊下台地花园灵趣生动
（摄影：吴若昊）

Seven

心灵之约

SOUL CONNECTION

——

上海·南昌路美丽街区
更新改造工程

Shanghai · Nanchang Road Beautiful Neighborhood Renewal 2021 SUSAS Huangpu Exhibition Area Full Record

项目区位：上海市黄浦区南昌路（重庆南路～陕西南路段）
项目规模：总长约 1.6 公里
项目时间：2021 年

Project location：Nanchang Road (South Chongqing Road – South Shaanxi Road section), Huangpu
                District, Shanghai
Project scale：length of 1.6 km
Project duration：2021

黄浦区南昌路美丽街区更新项目以城市公共空间品质提升为目标，城市更新实践为探索，向公众积极传播城市更新的规划理念。项目位于黄浦区南昌路（重庆南路~陕西南路段），全长约1.6公里，南昌路地处黄浦衡复历史文化风貌区，沿路多优秀历史建筑与人文故事底蕴。更新工程深入贯彻落实"上海2035"总体规划，紧紧围绕市委、市政府重点工作，以"人民城市人民建，人民城市为人民"为指导，明确"15分钟社区生活圈"主题方向。社区生活圈的规划和实施是落实创新理念，引导社区发展，提升居民获得感、幸福感、安全感和归属感，形成共建共治共享社会格局的重要手段。

■ 城市微更新——构建美好人文花街

更新项目以"艺术唤醒"为设计理念，因地制宜，治微激活，建设"小、灵、活"嵌入式街区微更新。从空间+文化+人气+漫步四个切入点着手，展示南昌路文艺海派、生活美学、家国情怀的街道语言。微更新作为城市重焕生机与活力的一剂良方，在保持城市肌理的基础上，对空间进行碎片式的更新、小而美的改造，让城市内涵品质得到提升，让人们更好地"诗意栖居"。

1. 泰戈尔阅读花园

泰戈尔阅读花园位于南昌路与茂名南路交叉口东南侧，面积约40平方米，场地内有一座泰戈尔（印度诗人、文学家）半身像雕塑。设计充分沿用其人文特色，将绿化打开，引入汀步园路，增设花架，设琉璃书墙，引入读书活动，并沿用建筑立面红砖元素塑造不同高度的矮墙树池供市民停驻，在咫尺之中创造一抹充满人文色彩的精致阅读空间。朗读亭采用法式造型铁艺廊架呼应场地文脉，并依据场地尺度调整廊架尺寸，爬藤植物攀缘其上，投下一抹绿荫。亭下布置琉璃景墙，嵌书架于其中，并贴墙设置坐凳，可放置由社区居民自发捐赠的图书，打造街边读书角。

建成后的泰戈尔阅读花园将打造一处"图书漂流角"，成为南昌路街头一处可游可观可读的公众人文热点，是集休憩、朗读、演讲等功能为一体的朗读空间，通过与周边书店联合共建、扩展，供市民阅读。

泰戈尔阅读花园（摄影：贺文雨）

2. 寻芳园

寻芳园位于南昌路南昌大楼对面，面积约 300 平方米，见证了南昌路百年历程。设计将场地沿南昌路一面敞开，利用场地条件设置小型椭圆形广场，广场中放置花香亭，日常供市民休憩，在繁花中坐看路上行人往来。花香亭采用现代简约的造型，亭上攀爬绿化，与亭上垂下的金属装饰随风摇曳。社区居民日常在花香亭下赏花品茗，可举办轻餐饮、时装、彩妆、阅读等需要一定空间场地的小体量品牌快闪活动。

植物配置上注重组团搭配，保留现状大乔木，中层增加球类和开花小乔木，下沉搭配不同季节开花的花镜，局部植入嵌草砖的形式增加设计细节的品质。夜景灯光通过廊架射灯将廊架区域点亮，作为空间视觉中心，周围结合景观设置 led 灯带，地埋灯营造沉浸式夜景体验。同时花香亭下的空间可开展小体量快闪活动吸引商家植入，希望以此能激活百年南昌路的人气，引发新的时尚活力。

寻芳园（摄影：贺文雨）

3. 薇花园

南昌路 163 号门口有一块微型绿地，面积约 40 平方米，两面为建筑墙体，设计增加一个花架嵌体，因为转角较阴，可在嵌体框架上放置和长满耐阴植物花盆。地面上将局部绿化变成木平台和坐凳增加休憩空间引入人流。

薇花园（摄影：贺文雨）

4."寻找南昌路"树池地刻

深入街道实地进行了广泛的调研工作,从建筑、门店、围墙、栏杆等街道元素中收集了一系列 Art Deco 风格的装饰纹样进行抽象演变,从历史风貌元素中提炼出富有海派艺术美感的"南昌路"LOGO 字体,分为拆解和组合两种样式,散落在树池铺装中变成小方砖,在街道中间断地出现,引发民众的好奇,开启寻找街道的美学印记旅程。

"南昌路"LOGO 树池方砖(摄影:贺文雨)

5. 沿街界面

南昌路沿线具有多种形式的围墙以及建筑店面，这些街道界面本身具有一定的历史风貌和经典美感。设计考虑不改变原有面貌，建议将入口庭院小微空间重塑，沿街的咖啡店外植入外摆设施，增设多种花艺设施，围墙上放置花盆垂吊，通过这样一系列措施来弱化街道边界，打造沿街微空间，营造花街氛围。

南昌路沿街界面

"心灵之约——乐享海派街区，走读瑞金生活" 2021 上海城市空间艺术季黄浦区展区以南昌路作为参展样本社区，构建海派文化美好生活范式街区。活动于 9 月 27 日正式开幕，为期 2 个月，共开展约 20 项社区活动。在 "15 分钟社区生活圈" 核心指导下，推出 "五宜五景" 主题，"五宜" 即通过共享人文活力居住环境、为营商环境提供机遇、文脉主题定制游线、共建共治公共绿色空间、开展互融社区教育模式等方式构建以 "宜居、宜业、宜游、宜养、宜学" 为标准的社区生活共同体，"五景" 即将南昌路 "海派建筑、名人汇聚、荣光印记、时光花巷、文艺生活" 五大街区特色文化融入相关主体活动。

除主体活动外，此次艺术季还植入了许多亮点，包括 "美好南昌路——街区更新设计记录" 主题展、开幕式 15 分钟音乐散文诗 MV《南昌路·一天》分享及 45 分钟草坪音乐会分享、漫步街区文创专品《阅读建筑素描日志》等。全方位推进社区 "微治理"，持续完善街区服务体系，激活城市治理的 "神经末梢"，引导健康、活力、艺术和低碳的生活方式。

2021 空间艺术季海报

1. 艺术微空间——记录街区更新设计

为推进城市有机更新与历史文化保护相结合，打造公众可亲近、可参与、可展示的文化新空间，上海设计之都促进中心发起上海城市艺术微空间"AD Hub"项目。"AD Hub"作为艺术的配送站，是设计的链接点与市民的交互场。

作为AD Hub创始第一站，它向社会呈现了设计师们参与南昌路街区更新的设计全过程，诠释了"15分钟生活圈"的核心内涵。展厅展示了设计图纸、设计理念、画册、日历、布包、"南昌路"LOGO样品、定制首饰等各种针对南昌路定制的特色产品。艺术走向社区，设计走向民众。街道更新主张社区参与共建，同时街道也可成为艺术家、设计师展示的舞台。将散落街头的微空间利用起来，成为艺术设计与市民互动的平台，让群众更好地了解南昌路的更新故事，让美学气氛滋养每一条街道。

上海设计之都 AD-Hub 城市艺术微空间内部空间1

上海设计之都 AD-Hub 城市艺术微空间内部空间 2

南昌路微更新设计图纸、艺术季活动照片、文创产品等展陈

2. 阅读建筑素描日志——漫步街区文创专品

一本关于街区漫步，建筑阅读的设计师素描作品台历，由策展人创作并绘制。"漫步南昌路"作为街区场景线索，画面取景沿线代表性历史性建筑和社区生活场景，包括大同幼稚园、中华职业教育社、《新青年》编辑部、科学会堂、人文会客厅、168弄建筑、南昌大楼、泰戈尔阅读花园、淮海坊、一见图书馆、老麦理发馆、奥义花园。沿用建筑装饰线条抽象勾画城市天际线，通过社区图景描绘营造美好的生活方式。

12张建筑实景素描层叠拼贴，作为打开建筑阅读的一种方式，相连的时间延续历史融入当代，映射城市的空间融合。通过最平常的素描画面饱含生活最真实的味道，烟火气间感受幸福与温暖。

2021空间艺术季定制日历

2021 空间艺术季定制布包

南昌路犹如一张底片，历史的叠层让散落在时间轴上的文化在街区呈现。此次微更新项目用艺术唤醒街区微空间，通过联动设计师、艺术家等多方跨界资源，提供全新城市情感叙事方式，生动演绎人性化、人文化、人情味的小微空间。

徜徉南昌路百年法桐树下，感受历史风华与现代公共空间交汇下的美好生活。"心灵之约"用"心灵现实主义"展现时代逻辑，构建人文街区美好生活圈。只有触及心灵的艺术，才是未来的艺术。通过几代人城市情感的递进式成长，更好地了解自身，并把这种文化自信扩展到更大的城市空间。漫步南昌路，在日常与艺术的融洽处，共赴一场心灵之约。

2021 空间艺术季定制文创礼品

技术与思想、知识与人文、科技与艺术之间，有着深刻的互动关系，它们不是一个物理的"集合"。当我们试图探知另一方时，我们有两种方法，一种是本位的，以"我"为基点，找到对方适合结合的点；一种是换位的，站在对方的视角，回望自己。与其坐而论道，不如迅速在探讨中实践，在实践中检验，在实验中获得，而这个实验场我们选择了——"思辨设计"。

万象新生，用艺术勾画无限想象的未来之城。艺术与城市，与人之间能够产生怎样的联结？艺术如何融入生活？艺术家必须在追求最前沿的东西时不断调整自己的位置，同时考虑受众兼容性和最优化及技术可及性的边界。一场本土与国际之间、不同代际之间关于城市演进及其背后故事的对话，将激发瞬息万变的城市面貌，艺术家和设计师以作品为载体，呈现激发无限创意灵感的视觉图景。

当人们谈论"人与科技共生"时，他们思索的是什么？以信息科技与艺术笔法的联合，描摹出一条历经"时空转化""秘境探索"与"科技回归"的完整故事线。数字化设计项目，以科技媒介与艺术空间的共融为起笔，"人与科技共生"为最终落点，将先进的未来科技、清晰的流量转化、动人的交互艺术串联，实现商业价值的转换与产城价值的输出。

"疫情影响全球""灾难性气候频发""生物多样性减少"等问题交替映入眼帘。作为地球村的公民，无人能置身事外，我们必须主动思考在社会与生态环境急剧变化中的人类命运，探索"设计"可发挥的作用。想象社会的演进、科技的进步、文化的发展，在所构想的未来语境下，世界将会如何发展？除了解决问题，设计师还应该是引领者，在逻辑和方法之外，打破公式，驶离固有印象，让这个世界比我们想象的更有趣。将科学精神、科学思想、科学方法与想象力和美学系统结合起来。

以系统性的专业设计能力，综合思考自然、人文、建筑与空间的关联，打破经验、重组思维、再塑精神，来激发社会梦想。设计创意的价值在于传递人文的温度，更好地应对时代的迅速变化带来的挑战与机遇，并担负起每一个个体对世界和人类的责任。

魔都秀场

Showroom of the magic city

——

上海·"INCLUSION·外滩大会"场地综合设计

Shanghai · "INCLUSION" Venue Integrated Comprehensive Design

项目区位：上海市黄浦区世博滨江段
项目规模：总占地面积约 25 公顷
项目时间：2020 年

Project location：Shanghai Huangpu District Expo Riverfront
Project scale：area of 25 hectares
Project duration：2020

"后世博时代"黄浦滨江充分展现上海工业历史遗存的城市风貌及滨江地区的卓越品质。以"外滩大会"为契机，黄浦滨江"工业锈带"变为"生活秀带"。在城市建设走向精细化的当下，依托黄浦江两岸45公里贯通，将滨江空间与承载城市生活空间有机连接，成就"一江一河"城市会客厅中的科技生态新场景。应对金融大会和未来多元运营的功能要求，设计融合智慧互动、科技赋能、技术应用落地，从"锈"场到"秀"场，不断延展城市科技未来，打造一场面向全球顶级的科技盛会。

2020年外滩大会是上海举办的国际性金融科技盛会，本届"外滩大会"主题为"科技让未来更普惠"。该大会由上海市政府指导、蚂蚁集团和支付宝主办、黄浦区政府承办，是上海加快推进国际金融科技中心建设的重要举措。外滩大会基础设施配套工程由上海市政总院EPC总承包。选址位于黄浦世博滨江段，原江南造船厂遗址，与浦东世博轴隔江相望，北临龙华东路，西临局门路，占地面积约为25公顷。

场地范围

外滩大会实景照片（外滩大会筹备负责人：饶昊 提供）

场地现状图（外滩大会筹备负责人：饶昊 提供）　　　　　　　外滩大会实景照片（外滩大会筹备负责人：饶昊 提供）

■　智慧引领 秀场营造

场地设计以"科艺融合，魔都秀场"为理念，旨在通过激活黄浦世博滨江带，提升大会环境品质与设施配套服务，为未来场地大会创造可持续的国际影响价值。

多维度演绎未来场景，沉浸式体验探索科技，全面感知前卫金融，打造国际化、高规格的世界级城市舞台。"5G 时代 +24 小时"全覆盖、全场景化的活动，覆盖 5G、自动驾驶、区块链等多种智能技术热点，打造线上云展览 + 线下外滩数字生活节，成为了解前沿科技的窗口，呈现智慧科技生态全景。

鸟瞰效果图

平面布局图

应对未来不同规模和性质的活动，实现空间需求与边界控制，对大会场地进行管控分区。以天桥空间为核心串联各个功能：停车区、后勤区、大巴接驳区、天架空步道区、主会场区、音乐活动区、其他区域等智慧规划分区。

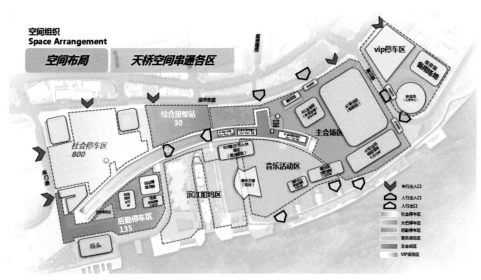

总体空间布局

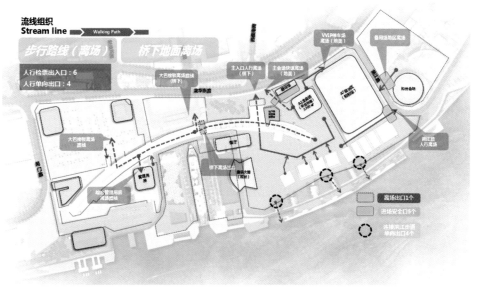

步行路线规划

■ 智慧通行 秀带引导

解决会场内外流线组织，构造五条流线：城市车辆交通、内部人行交通、共享滨江流线、物质智慧流线、绿色休闲流线。构建人流、车辆、物资等多维交通组织，搭建立体交通体系，合理组织人车分流及安全保障，天桥通行全线无障碍贯通。

会场入口效果图

标识主入口效果图

"后世博"时代的场地升级，为空间赋予更多可能。沉浸式、场景化、强体验的方式为金融科技大会量身定制场地。人行天桥延续场地连续开放的体验，原有天桥步道变成交通主轴。桥下会场发掘场地潜力，桥下功能建筑形成共享空间。通过复合型活化空间，营造多维业态功能。满足会场需求，利用桥下空间设计特色会议空间。未来将"灰空间"进行功能焕新，转换为极具特色的公共设施，为公共社区空间提供无限可能。

天桥现状（外滩大会筹备负责人：饶昊 提供）

天桥观光区上效果图

黄浦江畔设置的音乐活动舞台，打造音乐与科技跨界组合的开放活动空间。T台秀场强化景观视觉轴线，重塑船舶工业的场所记忆。外滩大会现场感受自然与音乐的完美融合，演绎音乐与科技玩法一站式体验的科幻秀场。

倡导线下数字生活集市，以会场空间为载体，引领未来生活方式的创新活动点，植入网红打卡地和科技潮流摊位，营造外滩大会多彩丰富的 24 小时生活圈。在构建生态基础设施的基础上，带动场地创生发展，聚集生机与活力，产生充满"人间烟火"的超级生活集市。

桥下建筑效果图

外滩大会音乐节现场（外滩大会筹备负责人：饶昊 提供）

外滩公共服务设施（外滩大会筹备负责人：饶昊 提供）

■ **智慧科技 配套升级**

遵循高效可持续利用原则，功能与需求相连接，公共服务设施、信息发布导览、消防及医疗应急，夜景亮化等升级改造。夜景亮化与形式变化营造科技感，象征 5G 网络和大数据时代的信息跃动，充分展现科技的智慧场地。

场馆复苏，唤醒世博遗迹，外滩大会如同未来的缩影，让科技变得有温度，演绎人性化未来场景体验。外滩大会场地更新改造与后世博场地资源相复合，通过实践应用落地，智慧互动赋能。以科技之名，为上海注入更多活力，使后世博工业化的场地转变为充满能量与科技的智慧场地，探索未来场地举办会务会展综合配套设施发展的可能性。金融科技的外滩故事，绿色、科技、金融、可持续，畅想预演的未来生活，满载着新领域地标重新起航。

船舶秀场效果图

万物光合

The Light of Everything

——

嘉兴 · 制丝针织联合厂茧库
建筑 3D 光雕艺术

Jiaxing · Jiasilian cocoon warehouse building 3D light sculpture creative design

项目区位：嘉兴市南湖区杉青闸路
项目时间：2021 年

Project location：Jiaxing City, Nanhu District, Shan Qingzha Road
Projects duration：2021

嘉兴古运河畔的"茧库光雕秀"，作为九水连心重要空间剧场，是一次工业老建筑空间更新的艺术创作。河流如同一缕时间丝线串联起《光·禾》故事。用一组黛色与天青色的线网交织，让老建筑产生新的空间对话，晚间赋以光的幻想。光雕投影是一种特殊的投影技术，通过在静态建筑上丰富动态表现维度，制造出有深度的视觉幻象和变化，通常与声音、灯光相结合以达到交互叙事影音互动效果。

空间蝶变是《光·禾》光雕秀的构思主线，它反映了运河的地域印记，茧库的功能转换，线是茧库的记忆，亦是九水的空间通连，光影交织，梦幻璀璨。通过四幕剧的演绎，定制的"光·禾"音乐主题，以《水·光与生命》《丝·光与土地》《风·光与浮影》《幻·光与未来》多个维度的联觉，呈现"禾城出万物世界"的无限变化。茧库的光雕空间华丽转身为光与音的艺术载体。

《光·禾》光影空间蝶变，演绎运河地域印记（可可视觉 提供）

生命之光，万物之源。绵绵细雨逐渐汇聚成湖泊，阵阵水波渐渐映出古老纹样，随着水流，走进嘉兴的过去，走进历史，走进马家浜文明的古老艺术。以"光"为媒介，光合作用是生命的原动力，能量转化释放出水、空气、生命间的千丝万缕，用光来播撒生命的种子，生生不息。

经纬交错描绘东方诗意境美（可可视觉 提供）

■ 丝·光与土地

土地之光，从茧开始。丝茧绘就出东方的诗境美，在经纬交错下，蚕锦婉转，柔漫悠远。江南的空气，在光的穿透下，折射出"江南五色"诗意韵味，编织出富饶的江南耕织图，那是源于禾城的大地衣衫。

一次工业老建筑的空间更新（可可视觉 提供）

■ 风·光与浮影

浮影之光，轻抚大地。风萧过千帆，心漾水云间，文化景图迭代更新，如同一本翻阅的立体书，用自然生命感知运河的文化交汇：嘉禾沃野、千顷湖荡、菱舟唱晚、鱼跃鸢飞，多幕禾城风景犹如流动的浮影，穿越时空，遇见光彩。

■ 幻·光与未来

未来之光，穿梭梦想。光幻花镜，四季更迭，石榴与杜鹃花瓣绽放出生命痕迹，融入心灵的时光长河。五色生命晶体的演绎：首创、奋斗、成长、思索、奉献，代表着生命生长与能量演化，充满韵律感的光线寓意着万物互联，通向城市的未来，更是城市心灵加油站。

光幻花境，四季更迭，幻化未来之光（可可视觉 提供）

"五彩嘉兴"通过"光合作用"点亮城市的价值梦想（可可视觉 提供）

光影素描

The Light and shadow sketch

——

上海·外滩十六铺旅游码头更新工程

Shanghai · Shiliupu Tourism wharf of the Bund Renewal Project

项目区位：上海市黄浦区，北起新开河延长线，南至复兴东路头，西起中山东二路，东至黄浦江
项目规模：总岸线长度约 1.1 公里
项目时间：2022 年

Project location：Huangpu District, Shanghai, starts from the extension line of Xinkai River in the north, ends at the end of Fuxing East Road in the south, ends at Zhongshan Second Road in the west, and ends at Huangpu River in the east
Project scale：The total shoreline length is about 1.1 km
Design time：2022

十六铺码头作为上海城市空间新格局的重要展示窗口，拥有着150多年的历史，曾经的它是远东最大的码头，承载着许多关于上海的历史人文记忆。更新的进程需要思考处理好传统与现代、继承与发展的关系，在给予城市空间赋能的同时，保护好城市的海派文化之魂。

整体设计挖掘场地自身的区域符号性和内在文化认同感出发，以"坐标海派·阅读城市"为愿景，串联场地记忆、景观绿化、公共装置；梳理空间布局、功能分区，在时空交错中感受场地更迭。

千年十六铺

1023 - - 2021

从海上航运门户到上海时尚新地标

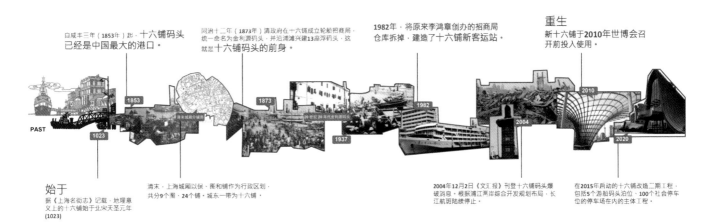

白咸丰三年（1853年）起，十六铺码头已经是中国最大的港口。

同治十二年（1873年）清政府在十六铺成立轮船招商局，统一命名为金利源码头，并沿浦滩兴建13座浮码头，这就是十六铺码头的前身。

1982年，将原来李鸿章创办的招商局仓库拆掉，建造了十六铺新客运站。

重生
新十六铺于2010年世博会召开前投入使用。

始于
据《上海名街志》记载，地理意义上的十六铺始于北宋天圣元年（1023）

清末，上海城厢以保、图和铺作为行政区划，共分9个图、24个铺。城东一带为十六铺。

2004年12月2日《文汇报》刊登十六铺码头爆破消息。根据浦江两岸综合开发规划布局，长江航班陆续停止。

在2015年启动的十六铺改造二期工程，包括5个游船码头泊位、100个社会停车位的停车场在内的主体工程。

千年十六铺历史拼贴

阅读城市 · 记忆素描

画卷创作题材为"百年回眸 · 纵览十六铺"

分别描绘了 5 段历史时期的码头景象

手绘：钟　律

19 世纪 30 年代　　　　　　　19 世纪 40 年代　　　　　　　20 世纪初

19 世纪 30 年代商贸崛起，码头成为货物
集散中心，江边店铺林立，人烟稠密

商贸进一步繁荣，万商云集，江面舳舻相接，
帆樯栉比

上海开埠后，内外贸易日益
长，大量海外轮船进出码头

行走间感知时光交错的城市版图
另一种文化语言的空间表达

20 世纪 20 年代

2003 年

十六铺北段金利源码头盛兴氛围，
行人往来不断，通往沿海各地

"紫竹林"号最后一次停
靠更新前的十六铺码头

花团锦簇共享街区（摄影：张怡琳）　　　　　　　　　　　　　十六铺1号码头崭新风貌全景窗口（摄影：张怡琳）

■　阅读城市·记忆素描

十六铺1号旅游码头更新设计中，在建筑门廊两侧亮点打造故事光影景墙，形成一体式的十六铺码头图绘历史画卷。画卷立足于基地厚重的海派文化沉淀与场地特征，以影像作为叙事载体，定格十六铺历史老照片，通过图绘历史演绎时间进程，追溯百年十六铺的生生不息。

故事光影景墙位于建筑门廊两侧，长度各约30米，由5幅城市素描手绘画卷与几何装饰面有序组合。画卷创作题材为"百年回眸·纵览十六铺"，分别描绘了5段历史时期的码头景象：19世纪30年代商贸崛起，码头成为货物集散中心，江边店铺林立，人烟稠密；19世纪40年代商贸进一步繁荣，万商云集，江面舳舻相接，帆樯栉比；20世纪初：上海开埠后，内外贸易日益增长，大量海外轮船进出码头。20世纪20年代：十六铺北段金利源码头盛兴氛围，行人往来不断，通往沿海各地，2003年："紫竹林"号最后一次停靠更新前的十六铺码头。

艺术景墙作为建筑门廊的交错延伸，与其表皮肌理虚实呼应，达到景观建筑元素一体化。主题手绘素描画面采用参数化穿孔铝板，白天以城市素描照片的形式再现码头记忆，晚间结合穿孔铝板内柔和透光，变幻成黑白胶片映画重现历史时刻。同时，在有限的空间里将时间的切面展开，讲述一系列关于十六铺光影故事，诠释出地理与时间层面的珍贵记忆。

历史景墙与更新码头时空对话（摄影：张怡琳）

城市素描景墙（日景）（摄影：张怡琳）

艺术景墙与建筑门廊的交错延伸，肌理虚实呼应（摄影：张怡琳）

改造后光影景墙（摄影：MYP 迈柏）

景墙穿孔铝板细节（夜晚）（摄影：MYP 迈柏）

带状景观绿化基于现状基础，通过简约现代的设计手法，局部打开嵌入休憩坐凳，营造绿荫下停留休憩空间。前景多样化花境组合形成层次丰富，具有艺术化景观效果植物群落，恰到好处地映衬柔化门头建筑与艺术景墙视觉效果，精细化花境景观打造，营造花园式街区沉浸式体验。寻迹码头文化历史线索，融入船锚、系缆桩等老物件文化符号，触发人们对于空间的感知与区域认同感。

历史的脉络，演变叙事的逻辑。光阴的交替，闪烁思想的芒耀。海派文化作为上海独有的城市记忆，正在以另一种方式实现生长。用现代城市设计手法还原群体记忆模样，思考城市发展与空间叙事关系，让海派文化交织在过去与未来之中，形成独特的当下。

十六铺码头的"微更新"重构，既是一种有机的更新方式，又是一种渐进的思维模式。通过更新延续海派文化、历史印记，复合性空间、多维度设计和构筑物建构整合共通点，用艺术的方式赋予历史新生命，城市记忆以动态的方式保存、流传，唤起人们的情感共鸣与回忆，在新旧交替中感知城市的生长脉络。

停留休憩空间（摄影：MYP 迈柏）

结束语

"共通的人性思维"是一种思想行动力，其现象学也是感知城市研究的重要组成部分。

从空间叙事出发：从某一个现象着手，从原理、技巧、表现、心理，分析并解构总结叙事，应用于空间。

从空间元素出发：从元素功能推论，解构并重组空间元素，为多场景多维度的公共空间感知提供量化依据。

人的生命意义和价值追求究竟是什么？什么才是人的最佳生命状态？"共通的人性思维"，城市特质和可能的生活方式集合，以文化、设计，甚至自然来触动共通的人性。证明"文化"可以创造相互理解，"自然"可以成为城市出路，并由此引发将"我们"联结在一起的广泛思考。中国科学院著名生态专家赵景柱先生的学术思想："景感生态学"是指以可持续发展为目标，基于生态学的基本原理，从自然要素、物理感知、心理感知、社会经济、过程与风险等相关方面，研究土地利用规划、建设与管理的科学。这是一座学术思想灯塔，指引着中国城市发展思考之路，并开创了"景感生态学"及其相关内容研究的先河。"景感空间"主要基于"景感生态学"的基本原理，研究感知体验下的空间综合形式体系。针对"景感空间"的情境研究，唤醒了体验者的感知，挖掘对于环境信息的综合体验、情感理解的景感运营，实现人与场景的互动交流。景观元素与空间融为一个整体，并将体验者带入，成为整体环境的一部分，推动人与自然和谐共生，从而建立健康、有韧性的、可持续的城市空间范本。

在素材世界的变化中，人与人物活动场所之间通常贯穿着一条故事线，相关地点又是通过一定的故事感知得以呈现。客观对象、风景、事件都可以作为聚焦者所聚焦的对象。聚焦者对聚焦对象的感知是由时间和空间决定的，同样可感知的空间也是由聚焦者自己决定的。人本视角的多种新技术手段为更深入的空间感知研究提供了新的分析工具；以多源城市数据所代表的新数据不断涌现，为精细化的物质空间环境特征提供了基础依据。假如感受力是指"去感受的能力"，那五感（看、听、问、触、品）之外的第六感，也就是"共通感觉"，它不是与生俱来的，而是通过其他感觉的相互配合所产生的一种"觉知"或者"观念"。它是衡量我们理解世界能力的重要标准，并影响着我们的认知。这个研究方向的魅力就在于此：人与感知合作完成一件作品，以更具未来感的方式共生。"景感空间"用共通感觉的创新，去改变人与自然层面、物质层面、文化层面、社会层面的面貌；去打破专业的围墙，甚至超越素材边界来解决社会可持续发展问题。

环境心理学中关注人对环境的心理加工过程，将"景感空间"感知框架分为感觉、知觉、认知、行为四个通用层级，构建空间叙事性的场所；所呈现的形态以一种公共空间放大化的个体情绪体验，并辅以单元形式。我们每个人时间线中隐含正常节奏生活下的永恒，时间正被我们的情绪和行为所围绕，我们期待拥有打开时间之门的钥匙。在回顾性的空间感知中，给定时间段内记住的越多，我们的记忆就越长；我们越重视时间，就越意识到它的存在，随之带来的是对时间的理解，理解过去、昨天与未来、明天的区别。时间此刻似乎不再是一个概念，而多了一层空间质感，真实与幻象彼此交叠，"景感空间"不仅是眼见的空间现实，更是感知的时空现实。

钟　律

完稿于 2023 年 5 月

地点：上海

图书在版编目（CIP）数据

千里寻乡 = A Thousand Miles to the Hometown /
钟律著 . —北京：中国建筑工业出版社 , 2023.3
ISBN 978-7-112-28394-1

Ⅰ . ①千… Ⅱ . ①钟… Ⅲ . ①公园—景观—园林设计
—上海—图集 Ⅳ . ① TU986.2-64

中国国家版本馆 CIP 数据核字（2023）第 032799 号

责任编辑：毕凤鸣
责任校对：王 烨

千里寻乡

A Thousand Miles to the Hometown

上海市政工程设计研究总院（集团）有限公司 钟 律 著
*
中国建筑工业出版社出版、发行（北京海淀三里河路 9 号）
各地新华书店、建筑书店经销
北京雅盈中佳图文设计公司制版
北京富诚彩色印刷有限公司印刷
*
开本：965 毫米 ×1270 毫米 1/16 印张：10 插页：4 字数：187 千字
2023 年 8 月第一版 2023 年 8 月第一次印刷
定价：116.00 元
ISBN 978-7-112-28394-1
　　　（40735）